Die Erscheinungen der Katalepsie bei Stabheuschrecken und Wasserläufern

Von

Fritz Steiniger

Mit 42 Textabbildungen

Sonderabdruck aus:
Zeitschrift für Morphologie und Ökologie der Tiere
(Abt. A der Zeitschrift für wissenschaftliche Biologie)
26. Band, 4. Heft
Abgeschlossen am 8. Mai 1933

Springer-Verlag Berlin Heidelberg GmbH
1933

ISBN 978-3-662-40930-5   ISBN 978-3-662-41414-9 (eBook)
DOI 10.1007/978-3-662-41414-9

Die

Zeitschrift für Morphologie und Ökologie der Tiere

steht Originalarbeiten aus dem Gesamtgebiet der im Titel genannten Arbeitsrichtungen offen.

Die Zeitschrift erscheint zur Ermöglichung raschester Veröffentlichung zwanglos in einzeln berechneten Heften; mit 40 bis 50 Bogen wird ein Band abgeschlossen.

Das Honorar beträgt M. 40.— für den 16 seitigen Druckbogen.

Die Mitarbeiter erhalten von ihren Arbeiten, welche nicht mehr als 24 Druckseiten Umfang haben, **100** Sonderabdrücke, von größeren Arbeiten **60** Sonderabdrücke unentgeltlich. Doch bittet die Verlagsbuchhandlung, nur die zur tatsächlichen Verwendung benötigten Exemplare zu bestellen. Über die Freiexemplarzahl hinaus bestellte Exemplare werden berechnet. Die Mitarbeiter werden jedoch in ihrem eigenen Interesse ersucht, die Kosten vorher vom Verlage zu erfragen.

Es ist dringend erwünscht, daß alle Manuskripte in deutlich lesbarer Schrift, am besten Schreibmaschinenschrift (mit mindestens 3 cm breitem freien Rand) eingeliefert werden. Die Manuskripte müssen wirklich druckfertig eingeliefert werden; bei der Korrektur sollen im allgemeinen nur Druckfehler verbessert und höchstens einzelne Worte verändert werden.

Alle Manuskripte und Anfragen sind zu richten an

Professor Dr. P. Buchner, Breslau 9, Zoolog. Institut der Univ., Sternstr. 21

oder an

Professor Dr. P. Schulze, Rostock, Zoologisches Institut.

Die Herausgeber

Buchner   Schulze

Verlagsbuchhandlung Julius Springer in Berlin W 9, Linkstr. 23/24
Fernsprecher: Sammel-Nrn. B 1 Kurfürst 8111 Drahtanschrift: Springerbuch-Berlin
Reichsbank-Giro-Konto und Deutsche Bank, Berlin, Dep.-Kasse C.

<table>
<tr><td>26. Band</td><td align="center"># Inhaltsverzeichnis.</td><td align="right">4. Heft
Seite</td></tr>
</table>

v. Dobkiewicz, L., Morphologische Studien zur Metamorphose von Papilio podalirius. Teil I: Die gestaltlichen Veränderungen des Darmkanals. Mit 37 Textabbildungen 469

Aschner, Manfred, und **Ries, Erich,** Das Verhalten der Kleiderlaus bei Ausschaltung ihrer Symbionten. Eine experimentelle Symbiosestudie. Mit 24 Textabbildungen 529

Steiniger, Fritz, Die Erscheinungen der Katalepsie bei Stabheuschrecken und Wasserläufern. Mit 42 Textabbildungen 591

Buchner, Paul, Studien an intracellularen Symbionten. VII. Die symbiontischen Einrichtungen der Rüsselkäfer. Mit 49 Textabbildungen 709

Autorenverzeichnis 778

(Aus der Abteilung für Vererbungswissenschaft des Zoologischen Instituts Greifswald.)

DIE ERSCHEINUNGEN DER KATALEPSIE BEI STABHEUSCHRECKEN UND WASSERLÄUFERN.

Von

FRITZ STEINIGER.

Mit 42 Textabbildungen.

(Eingegangen am 25. Dezember 1932.)

Inhaltsübersicht.

Seite

1. Einleitung 592
   a) Fragestellung 592
   b) Technisches 595
2. Die Katalepsie bei Stabheuschrecken 598
   a) Bisherige Arbeiten über die Katalepsie bei Phasmiden 598
   b) Lichtwirkung 602
   c) Mechanische Reize 615
   d) Reflexerregbarkeit ohne völlige Aufhebung der Katalepsie 619
   e) Narkoseversuche 621
   f) Elektrische Reize 623
   g) Wärmewirkung. 625
   h) Wirkung der Kälte. 628
   i) Chemische Reize 633
   k) Alter und Katalepsie. 639
   l) Lokalisation des Katalepsiezentrums 640
   m) Der Grad der Katalepsie und das Zusammenwirken der Außen-
      faktoren. 645
   n) Ökologische Bedeutung der Katalepsie 648
   Anhang: Katalepsie bei *Phyllium* 649
3. Die Katalepsie bei Wasserläufern 654
   a) Bisherige Arbeiten und allgemeine Übersicht über hypnotische Er-
      scheinungen bei Wasserläufern. 654
   b) Stellungen, Grad und Reizwirkungen bei der Katalepsie 657
   c) Optische Reize. 662
   d) Vergleich einiger Beobachtungen mit Angaben HOFFMANNS . . . 664
   e) Einordnung der Katalepsie in die Lebensweise der Wasserläufer . . 668
   f) Dauer künstlich hervorgerufener Akinesen 671
   g) Größe und Katalepsie 673
   h) Die Katalepsie der *Gerris*-Larven 675
   i) Einfluß der Wärme 677
   k) Einfluß tiefer Temperatur. 678
   l) Lokalisation des Katalepsiezentrums 682
   m) Biologische Bedeutung der Katalepsie 684

Seite
Anhang: *Velia* 687
Microvelia 691
Hydrometra. 692
Ranatra 693
4. Allgemeiner Teil. 694
5. Zusammenfassung 704
6. Literaturverzeichnis 707

1. Einleitung.

a) Fragestellung.

Seit etwa 20 Jahren ist es bekannt, daß *kataleptische Erscheinungen* nicht nur bei Menschen und höheren Tieren, sondern auch bei Insekten vorkommen. Während bei den ersteren die Katalepsie nur unter experimentellen Bedingungen eintritt, kommt sie bei den letzteren auch unter natürlichen Verhältnissen vor. Ja sie kann hier zu einem Faktor werden, der bei den betreffenden Tieren eine bedeutungsvolle ökologische Rolle spielt. Freilich ist ihr Vorkommen bei den Insekten bis jetzt nur für eine Reihe von Einzelfällen bekannt, während uns ein systematischer Überblick über die Verbreitung kataleptischer Erscheinungen noch fehlt.

Zuerst beobachtet und richtig analysiert wurde die Katalepsie bei den *Stabheuschrecken* (*Dixippus morosus*). Bei diesen Tieren besteht normalerweise während des ganzen Tages eine völlige Bewegungslosigkeit, und nur kurze Zeit während der Nacht gehen sie dem Nahrungserwerb nach. Das aber, was der Katalepsie der Phasmiden eine besondere Bedeutung verschafft hat, ist ihre Verbindung mit einem morphologischen Charakter, nämlich mit der stabförmigen Gestalt der Tiere, mit der im Verein sie ein Beispiel von Schutzanpassung allerersten Ranges darstellt.

Noch nicht so lange sind kataleptische Erscheinungen bei *Gerris* bekannt, einer Gattung von Wasserläufern unserer Gräben und Teiche. Auch diese Insekten, die zu den gymnoceraten Hemipteren gehören, weisen in ihrer Gestalt eine Stabform auf, wenn auch nicht in so ausgesprochener Weise wie die Stabheuschrecken. Welche biologische Bedeutung die Katalepsie bei ihnen hat, war bisher noch nicht näher bekannt.

Nun wissen wir aus den paläontologischen Untersuchungen von HANDLIRSCH, daß unter den Vorfahren der Phasmiden Formen vorkommen, die morphologisch und ökologisch eine außerordentliche Ähnlichkeit mit den *Gerris*-Arten zeigen. Es sind dies die *Chresmodiden* aus dem weißen Jura. Die Form ihres Körpers, ihrer Beine und auch ihr Fundort in limnischen Ablagerungen sprechen dafür, daß wir in ihnen Tiere vor uns haben, die ein ähnliches Leben auf der Wasserfläche führten, wie unsere jetzigen *Gerris*-Arten. Doch zeigen andere anatomische Befunde, etwa der Bau der Mundgliedmaßen, der Fühler und Flügel, daß sie nicht die Vorfahren unserer Wasserläufer waren, sondern zu den

Phasmiden gehören, also mit den Stabheuschrecken nahe verwandt sind. Wir finden also Katalepsie bei einer Wasserläufergruppe und bei einer Form, die unter ihren Vorfahren solche auf dem Wasser lebenden Arten aufzuweisen hat.

Nun sind wir zunächst geneigt, die *Formanpassung* der Phasmiden mit ihrem *Leben auf Pflanzen* in einen kausalen Zusammenhang zu bringen. Um so merkwürdiger erscheint uns daher die Möglichkeit der Abstammung stabförmiger, pflanzenbewohnender Phasmiden von ebenfalls stabförmigen, aber auf der Wasseroberfläche lebenden Formen. Das Vorkommen der Katalepsie bei rezenten Formen, die ebenfalls auf der Wasseroberfläche leben, legt daher die Frage nahe, ob vielleicht die Chresmodiden ebenfalls die Fähigkeit zur Katalepsie besaßen. Träfe dies zu, so wäre die Stabform und die Katalepsie der Phasmiden vielleicht gar nicht im Zusammenhang mit dem Leben auf Pflanzen, also im Sinne einer „Anpassung" an dasselbe entstanden, sondern ihre Vorfahren hätten beides schon besessen, bevor sie zum Leben auf Pflanzen übergingen. Die Katalepsie wäre also ein Erbgut von nicht auf Pflanzen lebenden Ahnen. Erst beim Übergang der Phasmiden zum Landleben mögen sich Katalepsie und Stabform als Eigentümlichkeiten von besonderem ökologischen Werte gezeigt haben. Vielleicht ist also das Primäre die Stabform und die Fähigkeit zur Katalepsie, sekundär erst der Übergang zum Leben auf Pflanzen. Ließe sich dies nachweisen, so wäre damit gezeigt, daß die weit verbreitete Ansicht, die Stabform und die Katalepsie der Stabheuschrecken seien durch eine Anpassung an das Leben auf Pflanzen im lamarckistischen Sinne entstanden, nicht zutrifft. Unter solchem Gesichtspunkt erscheint die Frage nach der Herausbildung der Formanpassung der Phasmiden in einem neuartigen Licht. Die Schwierigkeit ihrer Lösung liegt darin, daß wir über die Lebensweise und etwaige physiologische Eigentümlichkeiten der Chresmodiden natürlicherweise auf dem unmittelbaren Wege der Lebendbeobachtung nichts mehr erfahren können. Wir können zu einem angenäherten Bild dieser Verhältnisse nur durch eine Verknüpfung von zwei anderen Betrachtungsweisen kommen, 1. indem wir die Verhältnisse bei nahe verwandten Formen, also hier den Stabheuschrecken, untersuchen, 2. indem wir solche Formen berücksichtigen, die in der Ausbildung der morphologischen Eigentümlichkeiten — und diese allein sind uns ja von Fossilien mit Sicherheit bekannt — mit den Chresmodiden eine auffallende Übereinstimmung zeigen, nämlich die *Gerris*-Arten.

Bei der ersten Betrachtungsweise muß man von der Frage ausgehen: Gibt es bei der Katalepsie der Stabheuschrecken solche Erscheinungen, die sich nur erklären lassen, wenn wir dabei die Chresmodiden berücksichtigen, oder läßt sich eine derartige Beziehung nicht finden? Was die zweite Betrachtungsweise anbetrifft, so ist ja die *Ähnlichkeit eines Chresmodiden mit einem Wasserläufer*, wenn man von der systematischen Stellung der Chresmodiden absieht — die ja übrigens erst von DEICHMÜLLER und HAASE (zitiert nach HANDLIRSCH) richtiggestellt wurde, während frühere Untersucher die Chresmodiden für Spinnen, Acridiiden oder direkt für Wasserläufer hielten —, eine außerordentlich hohe. Wie weit kann man nun aus dieser morphologischen Ähnlichkeit auf eine Ähnlichkeit im Verhalten beider Formen schließen? Lassen sich aus dem Verhalten der Wasserläufer im Zusammenhang mit den Tatsachen bei den Phasmiden irgendwelche Schlüsse in Bezug auf die Chres-

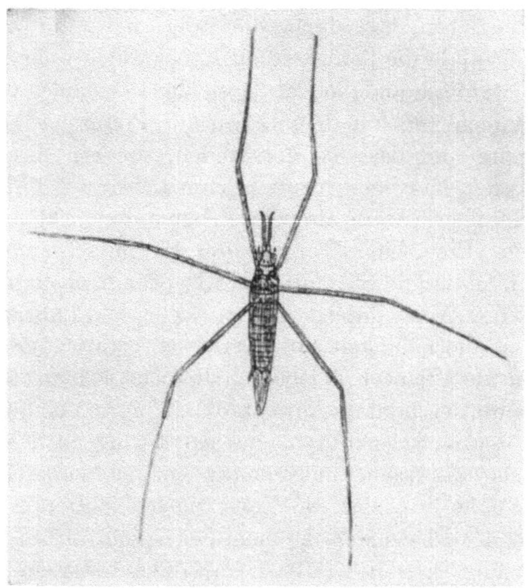

Abb. 1. *Chresmoda obscura* GERMAR. $^4/_{10}$ der natürlichen Größe. (Reproduktion aus HANDLIRSCH, Die fossilen Insekten.)

modiden ziehen? Oder lassen sich vielleicht andere Tatsachen finden, die für Stabheuschrecken und Wasserläufer in gleicher Weise gegeben sind, und die zum Verständnis der Herausbildung der Katalepsie in den beiden Insektengruppen beitragen können?

Um solchen Fragen nachgehen zu können, ist zunächst eine Vermehrung des Tatsachenmaterials notwendig. Wir müssen uns zuerst ein möglichst umfassendes Bild über die Katalepsie bei den beiden hier zu vergleichenden Gruppen in physiologischer und ökologischer Hinsicht zu verschaffen suchen. Sodann müssen auch — was allerdings zum größten Teil außerhalb des Rahmens der vorliegenden Arbeit liegt, aber von anderer Seite bereits in Angriff genommen worden ist — verwandte Formen in den Kreis der Betrachtung einbezogen werden, wobei alle diejenigen

Arten aus anderen Gruppen zu berücksichtigen sind, bei denen gleiche oder in irgendeiner Form ähnliche Erscheinungen auftreten.

In dieser Arbeit sollen zunächst die kataleptischen Zustände bei Stabheuschrecken und Wasserläufern ganz unabhängig von dem hier vorliegenden Problem, also rein als solche, in ihren Einzelheiten genauer untersucht werden. Danach soll der Versuch gemacht werden, die Beobachtungen an den beiden Insektengruppen in einen Vergleich zu bringen, um so womöglich Schlüsse auf die Entstehungsart im Sinne der soeben erörterten Fragen ziehen zu können.

b) Technisches.

Zur Untersuchung dieser Fragen verwandte ich von *Stabheuschrecken* in erster Linie *Dixippus (Carausius) morosus* BRUN. et REDTENB., dann auch *Diapheromera femorata* SAY. und *Phyllium bioculatum* GRAY. *Eurycnema goliath* GRAY und *Bacillus Rossii* FABR. habe ich nur gelegentlich im Insektarium des Berliner Zoologischen Gartens beobachtet, nicht selbst gehalten. Über die Haltung von *Dixippus*, der ja ein bekanntes Laboratoriumstier ist, brauche ich wohl nichts zu sagen, ich verweise auf die Angaben von MEISSNER und TITSCHACK. Als Futter verwandte ich Efeu und *Tradescantia*. *Diapheromera* hielt ich mit Haselnußblättern, die auch von Larven gern genommen wurden, und *Phyllium* wurde mit Eichenblättern gefüttert.

Über die Haltung von *Wasserläufern* liegen noch wenig Angaben vor, so daß ich es für angebracht halte, etwas näher darauf einzugehen. Von den Gerriden untersuchte ich *Limnotrechus lacustris*, *Limnotrechus odontogaster*, *Limnotrechus thoracicus*, *Hygrotrechus najas* und *Limnoporus rufoscutellatus*. Die Bestimmung der Arten erfolgte nach KUHLGATZ.

Die *Haltung im Aquarium* machte bei der Lebhaftigkeit der Tiere anfangs einige Schwierigkeiten. Vor allem wurde es ihnen leicht zum Verderben, daß sie, wenn sie an der Glaswand emporsprangen und dann zurück aufs Wasser fielen, seine Oberfläche durchbrachen und ertranken. Selbst wenn solche ins Wasser geratenen Tiere noch bei voller Mobilität herausgenommen und aufs Trockene gesetzt wurden, starben sie oft nach kurzer Zeit, wahrscheinlich weil schon Wasser in ihr Tracheensystem eingedrungen war. Nur wenn sie gleich unter wärmere Temperatur gebracht oder gründlich mit Fließpapier abgetrocknet wurden, blieben sie am Leben. Man hält also die Tiere am besten, wenn man im Aquarium ringsherum an den Wänden (besonders an der Lichtseite) Gegenstände anbringt, die aus dem Wasser herausragen, etwa schwimmende Holzbrettchen oder Steine und Sand. Die an der Glaswand emporspringenden Tiere fallen dann aufs Trockene. So ist es möglich, sie ohne dauernde Verluste längere Zeit zu halten. Als *Futter* gab ich den Wasserläufern meist *Drosophila*, die mit Äther betäubt und auf die Wasserfläche gestreut wurden, den größeren Arten auch Stubenfliegen. Sie sind übrigens in ihrer Nahrung nicht wählerisch und bohren ihren Rüssel in Fleisch jeder Art, das etwas saftig ist, z. B. Schneckenfleisch, Rindfleisch. Am liebsten freilich werden kleine Insekten genommen, die auf der Wasserfläche schwimmend durch ihr Zappeln die Aufmerksamkeit auf sich lenken. Auch die *Aufzucht* vom Ei an ist nicht allzu schwierig, man muß nur darauf achten, daß sich von den Körpern der ausgesogenen Futterinsekten aus nicht eine starke Kahmschicht bildet, die besonders den ersten Larvenstadien leicht die Beine verkleben kann. Es empfiehlt sich daher. die Tiere alle 3 Tage in einen neuen Behälter zu setzen.

Velia currens und *Hydrometra stagnorum*, die ich auch gehalten habe. sind wegen ihrer ruhigeren und gleichmäßigeren Bewegungsart auf der Wasseroberfläche nicht so dem Ertrinken ausgesetzt. Sie sind deshalb ohne jede Schwierigkeit bei derselben Nahrung wie *Gerris* zu halten. Am einfachsten ist die Haltung von *Microvelia*, die sich wahrscheinlich von Mikroorganismen nährt.

Da *Limnoporus rufoscutellatus* und *Hygrotrechus najas* in der Umgegend von Greifswald nicht anzutreffen sind, ließ ich mir für meine Untersuchungen jeweils Tiere dieser Arten aus Ostpreußen schicken. Dies machte keine Schwierigkeiten. wenn die Verpackung richtig gewählt wurde. Es muß dabei berücksichtigt werden, daß die Tiere einmal sehr leicht verdursten, andererseits auch leicht ertrinken können. Man verfährt daher am besten so, daß man die Tiere in einer Flasche unterbringt, in der man innen am Pfropfen einen mit Wasser getränkten Wattebausch befestigt, dabei aber vermeidet, daß sich auf dem Boden der Flasche direkt Wasser befindet. Dadurch erreicht man, daß die Wasserläufer nach Bedarf durch Saugen am Wattebausch Feuchtigkeit erhalten können[1]. Ein Verdursten der Tiere ist dadurch vermieden, ebenso ein Ertrinken. Man kann Wasserläufer in dieser Verpackung bis zu 5 Tagen halten, ohne daß eine größere Anzahl von Tieren eingeht, und kann sie so auch mit der Post versenden. Sollten die Tiere beim Auspacken etwas matt sein, so erholen sie sich in wenigen Stunden, wenn man sie gründlich mit Fließpapier abtrocknet.

Zu Vergleichen habe ich auch *Ranatra* gehalten, die ich von einem Sammler aus der Umgegend von Berlin erhielt. Als Futter dienten Wasserinsekten aller Art, am liebsten wurde jedoch *Asellus* und *Gammarus* genommen. Für die Haltung ist wichtig, daß sich im Aquarium reichlich Wasserpflanzen in der Nähe der Wasseroberfläche befinden, von denen aus die Tiere ihre abdominale Atemröhre aus dem Wasser herausstrecken können.

Bei meinen Untersuchungen war es manchmal wichtig, die Versuchstiere *bei völliger Dunkelheit beobachten* zu können. Dabei kam mir sehr der Umstand zu statten, daß das Insektenauge, wie sich bei Untersuchungen von Kühn an Bienen zeigte, langwelliges rotes Licht von mehr als 650 $\mu\mu$ Wellenlänge nicht mehr perzipiert, was nach v. Buddenbrock

---

[1] Die Tiere bohren von Zeit zu Zeit den Rüssel in den feuchten Wattebausch hinein.

„für alle Wirbellosen gelten dürfte", während das menschliche Auge noch Licht von 750 $\mu\mu$ wahrnehmen kann. Diesen Unterschied konnte ich bei meinen Untersuchungen dadurch ausnutzen, daß ich die Versuchstiere bei Licht von über 650 $\mu\mu$ Wellenlänge beobachtete. Ich benutzte dazu ein *Farbfilter*, das unter der Kennziffer RG 5 von dem Jenaer Glaswerk Schott u. Gen. hergestellt wird. Um eine längere Beschreibung zu vermeiden, füge ich die von der Firma gelieferte graphische Darstellung der physikalischen Daten für dieses Filter bei (Abb. 2).

Wenn auch bei *Dixippus* außer der Lichtperzeption durch die Augen noch ein Hautlichtsinn nachgewiesen ist, so glaube ich doch meinen Beobachtungen entnehmen zu dürfen, daß so langwelliges Licht auf die Tiere keinen Einfluß ausübt. Selbst bei direkter Beleuchtung habe ich irgendeine Reaktion auf dieses Licht nicht beobachten können. Aus praktischen Gründen wurden bei den meisten Beobachtungsserien nicht die Tiere selbst beleuchtet, sondern die Wand hinter ihren Glasbehältern,

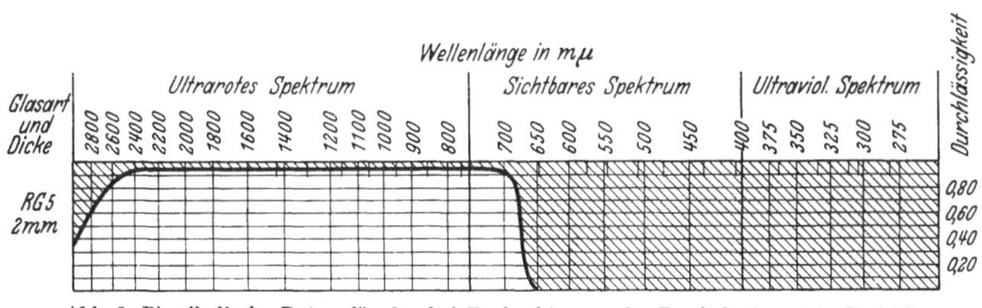

Abb. 2. Physikalische Daten für das bei Beobachtungen im Dunkeln benutzte Farbfilter. (Nach Schott u. Gen.)

und die Insekten dann in der Silhouette beobachtet. Auch war die Intensität des durch das Filter gehenden Lichtes so gering, daß die gleiche Intensität bei gewöhnlichem Licht, ja sogar eine bei einem einfachen Photometrierversuch[1] dem menschlichen Auge etwas höher erscheinende Intensität keine Reaktion zur Folge hatte.

Bei Versuchen mit *Dauerbelichtung* und mit *Belichtung während der Nacht* verwandte ich eine Sollux-Lampe, deren Spektrum nach den Angaben der Herstellerfirma dem des Sonnenlichtes sehr ähnlich ist.

Meine Untersuchungen führte ich in der Abteilung für Vererbungswissenschaft des Zoologischen Instituts der Universität Greifswald unter der Leitung von Herrn Prof. G. Just aus, dem ich auch die Anregung zu dieser Arbeit verdanke. Herrn Prof. Just spreche ich an dieser Stelle für sein Interesse und die ständige Förderung meiner Arbeit meinen aufrichtigsten Dank aus. Ebenfalls danke ich Herrn Prof. Matthes, dem Direktor des Zoologischen Instituts, für die Überlassung eines Arbeitsplatzes.

---

[1] Es wurde eine kleine Pappscheibe zwischen die beiden zu vergleichenden Lichtquellen gehalten und die Tiefe des Schattens zu beiden Seiten der Scheibe verglichen.

2. Die Katalepsie bei Stabheuschrecken.

a) Bisherige Arbeiten über die Katalepsie bei Phasmiden und Diskussion der damit zusammenhängenden Begriffe.

Die grundlegenden Arbeiten über die kataleptischen Erscheinungen bei *Dixippus* und ihre biologische Bedeutung sind die von SCHLEIP 1911 und SCHMIDT 1913. SCHLEIP hat in seiner Arbeit eine umfassende Sammlung des Tatsachenmaterials vorgenommen, während SCHMIDT als erster eine theoretische Deutung versuchte, indem er die Erscheinung in eine Parallele zu den kataleptischen Zuständen brachte, wie sie in der tierischen Hypnose bei einigen Wirbeltieren und auch beim hypnotisierten Menschen vorkommen. Die Hauptergebnisse beider Arbeiten will ich hier kurz wiedergeben.

Bei den Stabheuschrecken läßt sich durch mechanische Reize eine Akinese auslösen, in der sie an vielen Teilen ihres Körpers die für die Katalepsie typische „*wächserne Biegsamkeit*" (*Flexibilitas cerea*) zeigen. Diese wird durch eine nicht allzu starke (also nicht maximale, tetanische) Heraufsetzung der Muskelkontraktion erreicht, d. h. einer Lageveränderung setzen die einzelnen Gliedmaßen einen gewissen Widerstand entgegen, behalten aber danach die neugegebene Stellung bei. Gleichzeitig zeigt sich eine weitgehende *Analgesie*, d. h. Unempfindlichkeit gegen Reize, die sonst eine starke Reaktion bedingen würden. Diese ist an den einzelnen Körperteilen verschieden groß. SCHMIDT konnte den Tieren Beine, Antennen und Abdomen stückweise abschneiden, ohne daß diese darauf mit Bewegung reagierten. Diese Katalepsie tritt nun, wie die beiden Autoren zeigen konnten, nicht

Abb. 3. Kopf von *Dixippus*, von der Unterseite gesehen.

nur auf mechanische Reize hin ein, sondern wird auch vom Tier spontan angenommen (*Autokatalepsie* nach SCHMIDT).

Eine besondere Nebenerscheinung dieses „hypnotischen Zustandes" zeigte sich darin, daß die Tiere im höchsten Stadium der Katalepsie eine besondere Stellung einnehmen: Der Körper wird gerade ausgestreckt, das erste Beinpaar an den Kopf gelegt, der gerade in zwei Eintiefungen der Femora paßt, wie dies Abb. 3 zeigt. Die beiden anderen Beinpaare bilden einen spitzen Winkel mit der Körperachse, und zwar ist das zweite Beinpaar nach vorne, das letzte nach hinten gerichtet (Abb. 4), oder diese beiden Paare sind in derselben Richtung eng an den Körper gelegt (Abb. 5, linkes Tier). Durch diese Stellung wird erreicht, daß die Beine bei oberflächlicher Betrachtung an dem schlanken Körper gar nicht zu sehen sind.

MEISSNER, der als erster diese Stellung beschreibt, nannte sie „*Schreckstellung*". Besser ist die Bezeichnung, die SCHLEIP ihr gab, der diese Haltung „*Schutzstellung*" nannte.

Ich will diese Bezeichnung auch bei meinen Ausführungen verwenden und zwar in einem rein beschreibenden Sinne, ohne einen teleologischen Sinn in sie hineinzulegen.

Doch ist das Annehmen der Schutzstellung keineswegs eine notwendige Nebenerscheinung der Katalepsie. Das kataleptische Tier kann auch ebenso wie ein in nicht kataleptischem Zustande ruhendes jede beliebige Stellung einnehmen. Meist sind dann alle Beinpaare ungefähr senkrecht zur Körperachse seitwärts gestreckt. Der Körper ist etwas von der Unterlage abgehoben. MEISSNER gab dieser Haltung, die also bei katalep-

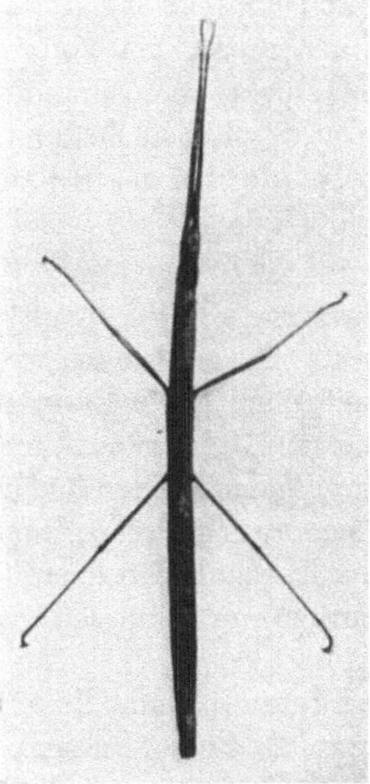

Abb. 4.   Abb. 5.
Abb. 4. *Dixippus* in kataleptischem Zustand an einer Glasscheibe sitzend. ²/₃ natürlicher Größe.
Abb. 5. *Dixippus* in kataleptischem Zustand. Linkes Tier in „Schutzstellung", rechtes in „Ruhestellung".

tischen wie nicht kataleptischen Tieren vorkommen kann, die Bezeichnung „*Ruhestellung*" (Abb. 5, rechtes Tier). In ihr ist bei jungen Tieren auch das Abdomen dorsalwärts gekrümmt, was bei geschlechtsreifen Tieren, wohl wegen der Menge der im Abdomen sich bildenden Eier, nicht mehr vorkommt.

Als eine weitere Begleiterscheinung des Katalepsieeintrittes wird ferner noch eine *Schaukelbewegung* beschrieben: Das Tier führt beim Anlegen der Vorderbeine mit den beiden hinteren Beinpaaren in den Kniegelenken eine Reihe rhythmischer Bewegungen aus, die den Körper parallel zu seiner Längsachse hin- und herschwingen lassen. Auch hierin hat man eine besondere Schutzanpassung gesehen und das Schaukeln als „Windmimikry" gedeutet.

Während Schmidt die Abhängigkeit der Katalepsie von irgendwelchen Außenumständen nicht feststellen konnte, sondern als maßgebend für die ganze Erscheinung eine „innere Stimmung“ der Stabheuschrecke ansah, konnte Schleip beobachten, daß das *Licht* als aus-
lösender Reiz für das Annehmen der Autokatalepsie zu gelten hat, und
zwar erfolgt die Reaktion in der Weise, daß die Tiere im Licht die kataleptische Schutzstellung einnehmen, in der Dunkelheit aber bald zur Bewegung übergehen.

Einige weitere Arbeiten über *Dixippus* betrachten die Katalepsie
mehr unter experimentellen Bedingungen. So beschreibt Reisinger eine
Reihe von Versuchen mit *Äthernarkose*, in denen er zeigen konnte, daß
Narkose die Katalepsie aufhebt. Ferner untersuchte Mangold die *Wirkung elektrischer Induktionsströme* auf den kataleptischen Zustand. Auf
die näheren Einzelheiten aller dieser Arbeiten wird bei der Behandlung
der einzelnen Teilgebiete jeweils eingegangen werden.

Es erscheint mir angebracht, noch kurz auf die in dieser Arbeit angewandten *Begriffe* einzugehen. Ich will zunächst die dem Begriff „Katalepsie“ übergeordneten Begriffe diskutieren. Am weitesten von diesen
reicht der Begriff der *Akinese*, die den kinetischen Erscheinungen, den
Bewegungen der Tiere gegenübersteht, also auch Ruhezustand und Tod
umfaßt. Der Begriff hat in der Literatur ganz allgemein diese Bedeutung.
Gleichbedeutend mit Akinese sind dann noch Begriffe wie „Immobili-
tät“, „Immobilisationszustand“, doch ist ihre Fassung nicht überall über-
einstimmend, zum Teil versteht man darunter nur Akinesen, die auf
einen bestimmten Reiz hin eintreten (Rabaud).

Eine besondere Erscheinungsform der Akinese ist nun die *tierische
Hypnose* (die menschliche Hypnose braucht ja nicht eine Akinese zu sein),
an die definitionsgemäß folgende Merkmale geknüpft sind: Vollständige Bewegungslosigkeit, Herabsetzung der Reizempfindlichkeit und
Schmerzlosigkeit, Aufhebung des Lagekorrektionsvermögens. Dieser
Hypnose stellen Heymons und v. Lengerken die „*Thanatose*“ gegenüber („Hypnose ist bei *Silpha obscura* nicht beobachtet worden, dagegen
ist die Thanatose sehr auffällig“). Der Ausdruck „Thanatose“ ist im ver-
gangenen Jahrhundert für gewisse akinetische Erscheinungen (die besonders bei Arthropoden auftreten) von deren ersten Beobachtern ge-
prägt worden, die von der Vorstellung ausgingen, das betreffende Tier
suche sich durch dieses Verhalten, sozusagen durch eine List, seinen Feinden zu entziehen. In den Begriff wurde eine Zweckvorstellung des Tieres
mit aufgenommen. Wenn diese Auffassung auch heute nicht mehr besteht, so hat sich der Begriff trotzdem erhalten. Inwieweit wir nun berechtigt sind, den Begriff der Thanatose gegen den der Hypnose abzu-
grenzen, ist meiner Meinung nach eine heute noch recht ungeklärte
Frage.

Die *Katalepsie* nun ist als ein besonderer Fall der Hypnose aufzufassen, bei dem zu den anderen Hypnosemerkmalen noch *heraufgesetzter Muskeltonus* und *Flexibilitas cerea* treten. Doch ist der Begriff der Katalepsie in der einschlägigen Literatur nicht überall gleich gefaßt. In Abhandlungen über die menschliche Hypnose versteht man unter Katalepsie ganz allgemein nur eine Begleiterscheinung, etwa dasselbe, wie unter Flexibilitas cerea. Zum Teil behält der Begriff auch für die tierische Hypnose diese Bedeutung. So beschreibt MANGOLD die Katalepsie unter den „Veränderungen im Gebiete des Muskelsystems" während der tierischen Hypnose. Ebenso versteht WEYRAUCH in seiner Abhandlung über *Forficula* unter Katalepsie nur einen besonderen Zustand einzelner Körperteile hypnotischer Tiere. Auch HOFFMANN bezeichnet mit Katalepsie nur eine Nebenerscheinung der Hypnose bei *Limnotrechus.*

Doch gerade bei Insekten gibt man dem Begriff auch eine umfassendere Bedeutung. So sind bei SCHMIDT außer der Flexibilitas cerea auch alle anderen Erscheinungen, die gleichzeitig mit dieser auftreten, in den Begriff der Katalepsie mit einbegriffen, wie Analgesie und herabgesetzte Reflexerregbarkeit. Auch BLEICH scheint unter Katalepsie diesen ganzen Erscheinungskomplex zu verstehen, denn er stellt diese als besonderen Begriff der „Thanatose" und der „Mechanohypnose" gegenüber. Doch verläßt er eine solche Begriffsfassung zuweilen, z. B. wenn er vom „kataleptischen Charakter" der Mechanohypnose spricht.

Aus rein praktischen Gründen und ohne dabei ein Urteil über die größere Berechtigung der einen oder anderen Auffassung dieses Begriffs zu fällen, will ich die umfassendere Bedeutung, die SCHMIDT dem Ausdruck „Katalepsie" gegeben hat, dem Begriff auch bei meiner Arbeit zugrunde legen. Unter Katalepsie verstehe ich also: Akinese mit heraufgesetztem Muskeltonus und Flexibilitas cerea, bei der auch Herabsetzung der Reflexerregbarkeit, Analgesie und Aufhebung des Lagekorrektionsvermögens zu beobachten sind.

Zur schnelleren Übersicht über den Zusammenhang und die Einordnung der in dieser Arbeit verwandten Begriffe möge folgende schematische Darstellung dienen:

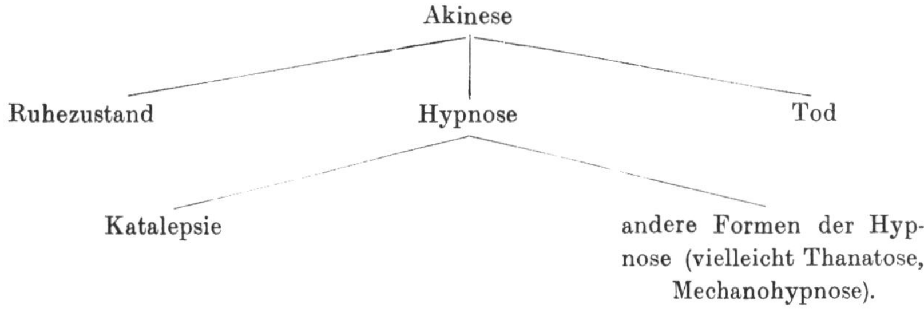

b) Lichtwirkung.

Der einzige unter normalen Bedingungen auf die Katalepsie der Stabheuschrecken einwirkende Faktor, über den schon genauere Angaben vorliegen, ist also das Licht. Zweifellos hat es auf den Zustand von *Dixippus* den weitaus größten Einfluß. Doch war deshalb nicht ohne weiteres anzunehmen, daß Helligkeit und Dunkelheit die einzigen wirksamen Faktoren sind, vielmehr liegt der Gedanke nahe, daß gerade dieser unter natürlichen Bedingungen so stark sich zeigende Einfluß geeignet ist, die Wirkung anderer Faktoren vollkommen zu überdecken und so nur ganz allein in Erscheinung zu treten. Um also den etwaigen Einfluß anderer Reize sichtbar werden zu lassen, galt es, die Lichtwirkung auszuschalten oder in geeigneter Weise zu modifizieren.

Als Ausgangspunkt für derartige Untersuchungen erschien es von Bedeutung, zunächst einmal für *Dixippus* den Wechsel zwischen Bewegung und Bewegungslosigkeit unter den natürlichen Bedingungen des Lichtwechsels zwischen Tag und Nacht mit völliger Genauigkeit festzustellen. Angaben allgemeiner Art hierüber finden sich in fast allen einschlägigen Arbeiten, doch ist meines Wissens von keinem der Autoren eine dauernde Beobachtung etwa über einen Zeitraum von 24 Stunden angestellt worden, die allein ein ganz exaktes Bild vom *Tagesrhythmus* der Bewegung geben kann. Ich mußte also zunächst diesen genau feststellen.

Die Beobachtung wurde nun in folgender Weise ausgeführt: Am Tage vor Beginn der Beobachtung wurden die Tiere einzeln in Glasbehältern untergebracht, die mit Efeublättern versehen waren. Die Beobachtungszeit wurde aus praktischen Gründen in die Zeit von 6 Uhr morgens bis zu derselben Zeit des nächsten Tages gelegt. Während der Dunkelheit wurde die in der Einleitung besprochene Lampe mit Farbfilter benutzt. Erschütterung, fremde chemische oder Lichtreize wurden aufs sorgfältigste vermieden. Ob ein Tier sich in Katalepsie befand oder nicht, konnte bei dieser Anordnung nicht untersucht werden (außer wenn die Katalepsie durch die Schutzstellung kenntlich wurde). Denn dies wäre nicht möglich gewesen, ohne auf das Tier einen mechanischen Reiz auszuüben, der den normalen Ablauf des Tagesrhythmus sicher beeinflußt hätte. Man kann so nicht entscheiden, ob es sich in Katalepsie befindet oder in nicht kataleptischem Zustand nur für einige Zeit seine Bewegungen sistiert hat. Die Beobachtung mußte sich also auf den Wechsel zwischen Bewegung und Bewegungslosigkeit beschränken. Dieser wurde für jedes Tier einzeln notiert, so daß es möglich war, ihn für jedes einzelne Tier wie für alle gleichzeitig beobachteten graphisch darzustellen[1] (Abb. 6).

Für die Tageszeit entsprach das Verhalten der Stabheuschrecken allen früheren Beobachtungen. Sie blieben vollkommen ruhig in ihrer Schutzstellung, nur ganz selten wurde unter leichtem Zittern die Stellung eines Beines etwas verändert, oder die eigentümliche Schaukelbewegung angedeutet. Doch irgendeine stärkere Bewegung oder gar Ortsverände-

---

[1] Derartige Beobachtungen habe ich im ganzen vier durchgeführt, die aber alle im wesentlichen dasselbe zeigten, so daß ich mich auf die Darstellung der einen beschränken kann.

Die Erscheinungen der Katalepsie bei Stabheuschrecken und Wasserläufern. 603

rung kam nicht vor. Unter Ausschaltung weiterer Reize wird also helles Licht mit Katalepsie (auch ohne besondere Untersuchung an der Schutz-stellung der Tiere zu erkennen) beant-wortet. Ein Abweichen von dieser Regel habe ich auch sonst bei Imagines und älteren Larven meiner zahlreichen Zuch-ten von *Dixippus* nie beobachtet. Kam es einmal vor, daß ein Tier auch bei hellem Tageslicht in Bewegung geriet, so zeigte sich stets, daß dies auf irgendeinen Nebenumstand zurückzuführen war, daß etwa starke Erschütterung, Erwärmung oder ein anderer von den die Katalepsie aufhebenden Reizen dabei mitspielten, von denen später noch die Rede sein soll.

Bei der Beobachtung des abendlichen Überganges von der Katalepsie zur Be-wegung zeigten sich jedoch einige Ab-weichungen von den bisherigen Angaben, nach denen der Eintritt der Dunkelheit das Ausschlaggebende sein sollte. Wie Abb. 6 zeigt, geht ein Teil der Tiere schon zur Bewegung über, wenn die Intensität des Tageslichtes noch gar nicht allzusehr herabgesetzt ist (Sonnenuntergang am 26. VII. um 20.03 Uhr, leichte Bewöl-kung). Eine gleiche Lichtintensität würde unter experimentellen Bedingungen, etwa bei Lampenbeleuchtung während der Nacht, durchaus genügen, in kurzer Zeit Katalepsie auszulösen. Man könnte hier vielleicht denken, daß die Empfindung von Helligkeitswerten bei *Dixippus* eine relative sei, daß die Tiere ganz allgemein nach vorhergehender intensiver Beleuch-tung bei derselben Lichtintensität zur Bewegung übergehen, auf die sie nach vorheriger Verdunkelung mit Katalepsie reagiert hätten. Es zeigte sich jedoch, daß dies nicht zutrifft, denn wenn man das Zimmer, in dem sich die Tiere befinden,

am Nachmittag nach und nach verdunkelt, bis die darin herrschende Licht-intensität sicher geringer ist, als die beim abendlichen Erwachen der Stab-

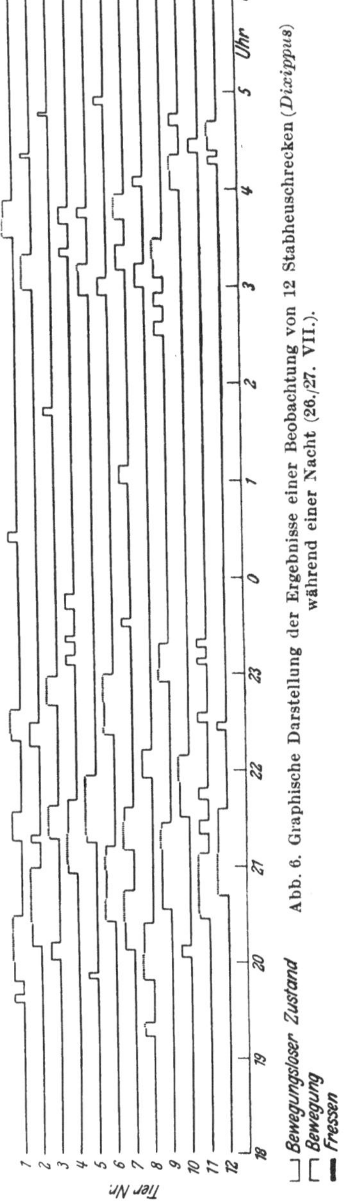

Abb. 6. Graphische Darstellung der Ergebnisse einer Beobachtung von 12 Stabheuschrecken (*Dixippus*) während einer Nacht (26./27. VII.).

heuschrecken, so gehen sie deshalb noch nicht zur Bewegung über, ja selbst wenn diese Verdunkelung ganz plötzlich geschieht, reagieren die Tiere nur mit kurzer Schaukelbewegung, bleiben dann aber weiter in ihrer Schutzstellung. Auch SCHLEIP beobachtete, daß man die Tiere nach vorheriger Belichtung schon in „ziemlich ausgesprochene Dunkelheit" bringen muß, um sie zur Bewegung zu veranlassen. Wenn nun hier bei so hoher Lichtstärke ein Übergang zur Bewegung möglich ist, so ist dies ein sicheres Zeichen dafür, daß außer der Herabminderung der Lichtintensität noch andere Faktoren mitspielen müssen, deren Charakter im folgenden näher untersucht werden soll. Ein Erwachen lange vor Eintritt völliger Dunkelheit beobachtete auch STOCKARD an *Aplopus Mayeri*.

Das *Fressen* beginnt bei den meisten Tieren bald nach Beginn der Bewegung und dauert mit größeren und kleineren Unterbrechungen $^1/_2$ bis 2 Stunden. Dann tritt bei allen Tieren nach und nach völlige Bewegungslosigkeit ein, in der alle die „Ruhestellung" beibehalten. In den Stunden um Mitternacht herum ist, wie die graphische Darstellung zeigt, Bewegung und Fressen recht selten.

Erst kurz vor und beim Beginn der Morgendämmerung setzt eine *zweite Freßperiode* ein. Diese dauert zuweilen noch bis zu einer Zeit, in der die Lichtintensität schon recht groß ist (Sonnenaufgang am 27. VII. um 4.10 Uhr, keine Bewölkung). Bei zunehmender Helligkeit hören dann alle Bewegungen auf, die Tiere bleiben etwa 1 Stunde in Ruhestellung und nehmen dann unter wackelnder Bewegung die Schutzstellung an, in der sie bis zum nächsten Abend bleiben.

Eine Bewegung der Stabheuschrecken nach Eintritt der Morgendämmerung beobachtete auch SCHLEIP, während nach Angaben von MEISSNER und STOCKARD die Bewegungslosigkeit schon vor Beginn der Morgendämmerung eintreten soll.

Es galt nun festzustellen, ob die lange *mitternächtliche Ruheperiode* mit Katalepsie der Tiere verbunden ist oder lediglich einen Ruhezustand darstellt.

Ich stellte dies in der Weise fest, daß ich ein Bein des zu untersuchenden Tieres mit der Pinzette von der Unterlage loslöste und vorsichtig etwa 1 cm anhob. War das Tier kataleptisch, so wurde diese künstlich gegebene Stellung des Beines einige Zeit beibehalten, befand es sich vorher nur im Ruhezustand, so ging es auf diesen Reiz hin sofort zur Bewegung über. Freilich wird auch ein Tier, das sich gerade im Übergang zur Katalepsie befindet, bei Anwendung dieser Versuchstechnik wieder beweglich werden. Auch kann das Loslösen der Tarsen von der Unterlage gelegentlich ein genügend starker Reiz sein, die Katalepsie aufzuheben. Wird jedoch die dem Bein künstlich gegebene Stellung beibehalten, so ist dies ein sicheres Zeichen für Katalepsie. Der Versuch ergibt also nur die Katalepsiefälle im Minimum.

Es wurden also 20 Tiere isoliert und in zehn Nächten um 1 Uhr, eine Zeit, die etwa in die Mitte der nächtlichen Ruheperiode fällt, in der eben beschriebenen Weise untersucht. Das Ergebnis zeigt Tabelle 1.

Addiert man beide Reihen und bildet das Verhältnis der Summen, so zeigt sich, daß mindestens 10,5% der Tiere im Durchschnitt zu dieser Zeit kataleptisch sind.

Also auch hier wieder ein Abweichen vom Rhythmus des Lichtes: Katalepsie kann bei größter Dunkelheit eintreten.

Die beste Möglichkeit, diese beim natürlichen Lichtwechsel auftretenden Abweichungen vom Tagesrhythmus zu untersuchen, bot sich in der *Änderung der Lichtverhältnisse* etwa in dauernder Belichtung, dauernder Verdunkelung der Tiere, oder auch Umkehr des Tagesrhythmus: Belichtung nachts, Verdunkelung am Tage.

Dauernde Belichtung.

Die Dauerbelichtung wurde in der Weise ausgeführt, daß während der Nacht und bei nur schwachem Tageslicht die Solluxlampe als Lichtquelle

Tabelle 1. Versuche im Juni. Von 20 Tieren um 1 Uhr

kataleptisch	nicht kataleptisch
1	19
3	17
0	20
5	15
0	20
2	18
2	18
3	17
0	20
3	17
19	181

diente. Also die Tiere wurden von 16 Uhr abends am 8. I. bis 9 Uhr morgens am 9. I. damit beleuchtet, während sie in der Zwischenzeit dem Tageslicht ausgesetzt wurden. Abb. 7 zeigt das Verhalten der Tiere unter diesen Bedingungen.

Wie zu erwarten, erwachen die Tiere nicht zur gewohnten Zeit aus ihrer Katalepsie. Doch zeigt sich nach wenigen Stunden, daß die Lichtwirkung die Tiere jetzt nicht zu völliger Bewegungslosigkeit verurteilt. Schon um 20 Uhr herum zeigen einzelne Tiere schwache Bewegung, die sehr bald wieder aufhört. In kurzen Abständen wiederholt sich diese Bewegung, wird nach und nach stärker, zwischen 21 und 22 Uhr kommen schon kleine Ortsbewegungen vor. Dazwischen fallen die Tiere immer wieder in Katalepsie und nehmen die Schutzstellung an. Die einzelnen Bewegungen nehmen mit der Zeit an Lebhaftigkeit zu, und kurz nach 23 Uhr beginnt ein Tier zu fressen. Dieses Fressen geht auch wieder unter häufiger Unterbrechung vor sich. Das Tier führt dabei im Gegensatz zum Fressen bei Dunkelheit häufig Schaukelbewegungen aus. Nachdem es dann unter diesem dauernden Wechsel der Zustände eine verhältnismäßig geringe Nahrungsmenge zu sich genommen hat, nimmt es wieder die Schutzstellung ein und bleibt für längere Zeit, etwa bis zum nächsten Mittag, vollkommen ruhig. Inzwischen beginnen andere Tiere, die sich zunächst noch ruhig verhalten hatten, mit kleineren Bewegungen, die in gleicher Weise zunehmen, bis eine ebensolche Freßperiode folgt, nach der dann wieder Ruhe eintritt. Einige Tiere verhalten sich während der ganzen Nacht ruhig, erst am nächsten Morgen setzt bei ihnen Fressen und Bewegung ein, ja bei einigen erst am nächsten Mittag.

Diese Beobachtung ist schon dazu angetan, außer der Helligkeitswirkung noch einen anderen Faktor zu beleuchten, der für die Katalepsie eine Rolle spielt, nämlich den *Hunger*. Der Eintritt langwährender Ruhe,

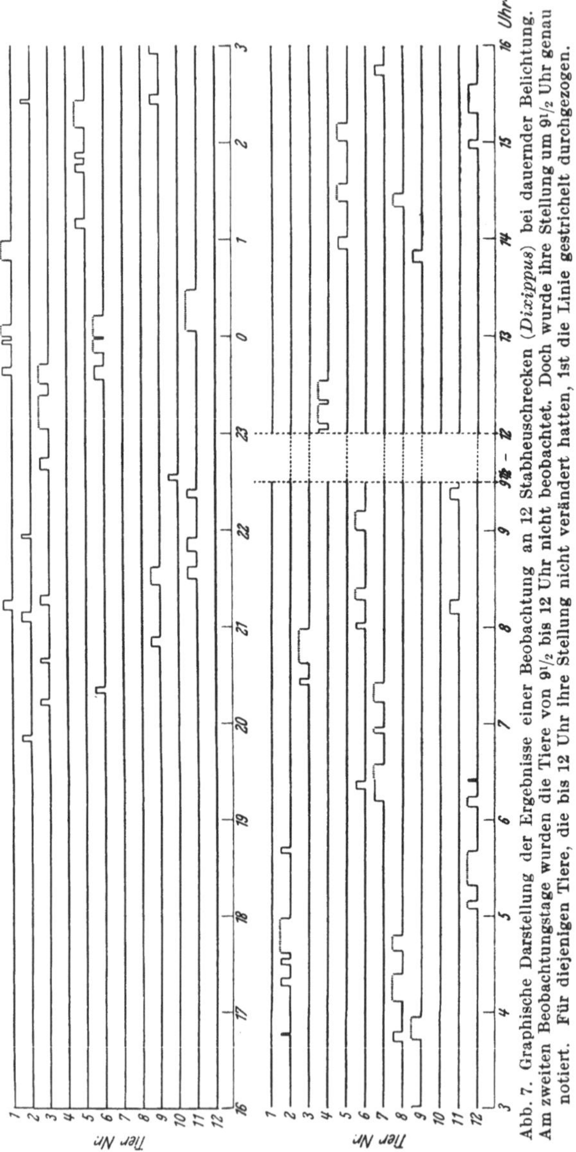

Abb. 7. Graphische Darstellung der Ergebnisse einer Beobachtung an 12 Stabheuschrecken (*Dixippus*) bei dauernder Belichtung. Am zweiten Beobachtungstage wurden die Tiere von 9½ bis 12 Uhr nicht beobachtet. Doch wurde ihre Stellung um 9½ Uhr genau notiert. Für diejenigen Tiere, die bis 12 Uhr ihre Stellung nicht verändert hatten, ist die Linie gestrichelt durchgezogen.

wenn das Tier gefressen hat, also der Hunger wenigstens zum Teil gestillt ist, spricht dafür, daß es das Hungergefühl ist, welches trotz der Lichtwirkung die Katalepsie aufhebt.

SCHLEIP scheint dieses Fressen bei längerer Belichtung nur für eine Ausnahme zu halten. Er sagt dazu: „Solange die Beleuchtung anhält, ebensolange sind die Tiere auch zu vollkommener Bewegungslosigkeit und damit auch zum Hungern gezwungen." Andererseits gibt auch er an, daß bei Belichtung während einer ganzen Nacht die Versuchstiere sich häufig bewegten und auch einige fraßen, Beobachtungen, die ganz mit den meinigen übereinstimmen. Ja, wenn SCHLEIP die Dauerbelichtung über lange Zeiträume (2 Monate) ausdehnte, fraßen die Tiere schließlich wieder ebensoviel, wie unter normalen Bedingungen, aber zu jeder Tageszeit.

Für eine Wirkung des Hungers spricht auch das Ergebnis bei umgekehrter Versuchsanordnung, nämlich wenn man den Tieren vorher Gelegenheit gibt, zu fressen. Dies kann leicht dadurch geschehen, daß man die Tiere vor Beginn der Belichtung mehrere Stunden am Nachmittag verdunkelt.

20 Stabheuschrecken wurden einzeln in Glasbehältern untergebracht und von 13—16 Uhr verdunkelt. Während dieser Zeit fraßen 17 von ihnen, wie sich leicht an den Fraßspuren an den ihnen gereichten Efeublättern feststellen ließ. Die 20 Tiere wurden dann bis 1 Uhr mit der Solluxlampe beleuchtet und in dieser Zeit beobachtet. Während der ganzen Beobachtungszeit zeigte keines von ihnen eine Ortsbewegung. Auch bei 74 Tieren, die gemeinsam in einem Zuchtkasten denselben Lichtverhältnissen ausgesetzt waren, brach nur einmal eine Bewegung aus, als eine Anzahl von Tieren, die übereinander saßen, zu Boden fiel. Aber auch dann trat in wenigen Minuten völlige Ruhe ein, ohne daß eins der Tiere gefressen hatte. Eine Wiederholung des Versuches mit 20 isolierten Tieren, von denen im Dunkeln 18 gefressen hatten, hatte dasselbe Ergebnis.

Auch die Tiere, die während der Verdunkelung nicht gefressen hatten, erwachten nicht, doch ist diese Tatsache nicht dazu angetan, das Versuchsergebnis zu beeinträchtigen, denn dadurch, daß die Tiere trotz der Verdunkelung nicht fraßen, zeigten sie schon, daß sie nicht hungrig waren. Gelegentlich kommt es sogar vor, daß Tiere unter normalen Bedingungen während einer ganzen Nacht nicht fressen.

Ist also die Wirkung des Hungers ausgeschaltet, so tritt die Wirkung des Lichtes voll und klar in Erscheinung.

Wenn auch das Licht sich nicht als der einzige wirksame Faktor erwies, so hatte ich bei diesen Versuchen doch Gelegenheit, die Stärke seines Einflusses zu beobachten und zwar bei der *Häutung* einiger Tiere. Die Häutung findet normalerweise nur in der Nacht statt und dauert etwa $1/2$ Stunde. Durch die dauernde Beleuchtung waren nun einige Tiere gezwungen, bei hellem Licht zur Häutung zu schreiten, und da nun zur Häutung sehr lebhafte Bewegungen nötig sind, andererseits die Tiere durch das Licht einen dauernden Reiz zur Katalepsie erhielten, so bot sich hier ein eigenartiges Bild. Nach Aufplatzen der Haut im Rücken wechselten kurze Bewegung, Schaukeln und Ruhe in kurzen Abständen miteinander ab. Die Tiere waren nicht in der Lage, die alte Haut abzustreifen, kaum hatten sie einige kraftvolle Bewegungen vollführt, so verfielen sie schon wieder in Katalepsie. So dauerte die Häutung bei einem Tier etwas über 11 Stunden, bei zwei anderen war sie nach 12 Stunden noch nicht beendet, so daß ich mich genötigt sah, dabei mitzuhelfen. Das anfangs weiche Chitin erstarrt bei einer so langen Dauer der Häutung an den freigewordenen Teilen schon während dieser, so daß die Tiere eine vollkommen verkrüppelte Gestalt erhalten, die ihnen Bewegung und Nahrungsaufnahme unmöglich machen kann. Abb. 8 zeigt das Tier, das

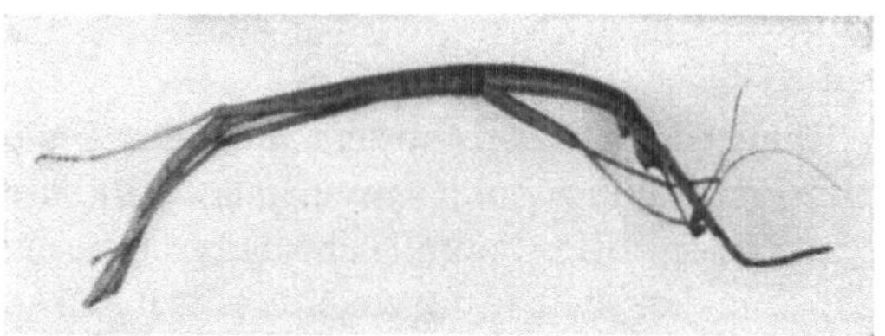

Abb. 8. *Dixippus* nach einer während dauernder Belichtung vollzogenen Häutung. Natürliche Größe.

zur Häutung 11 Stunden brauchte, das aber trotz der Verkrüppelung am Leben blieb. Bei der nächsten Häutung erhielt dieses Tier wieder eine völlig normale Form.

Dauernde Dunkelheit.

Auch für das Verhalten der Tiere bei dauernder Dunkelheit kann ich einige Ergänzungen zu den bisherigen Ergebnissen hinzufügen bzw. Ab-

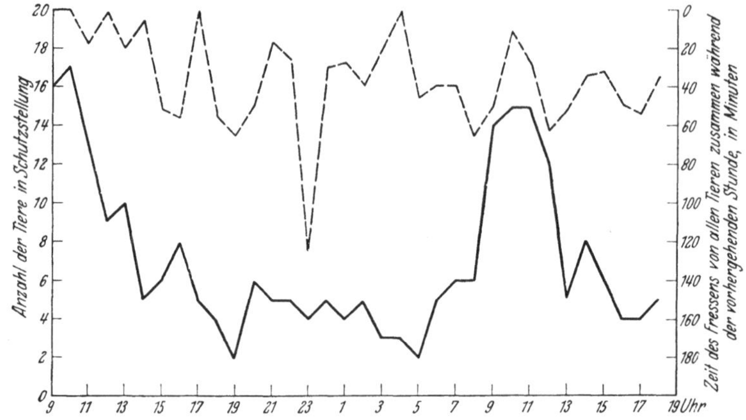

Abb. 9. Graphische Darstellung der Ergebnisse einer Beobachtung an *Dixippus* in dauernder Dunkelheit. Nähere Erklärung im Text.

weichungen von diesen angeben. Und zwar beziehen sich diese vornehmlich auf das *Annehmen der Schutzstellung*. SCHLEIP konnte zeigen, daß es normalerweise der Eintritt der Helligkeit ist, der die Schutzstellung bedingt. Er formuliert sein Ergebnis: ,,Dunkelheit und Beleuchtung veranlassen die Tiere, sich zu bewegen oder die Schutzstellung anzunehmen, einerlei, zu welcher Tageszeit sie eintreten.`` ,,Man findet mitten in der

Nacht oder auch während längerer Perioden künstlicher Dunkelheit zuweilen, allerdings selten, einige Tiere in Schutzstellung." MANGOLD kam bei seinen Untersuchungen zu demselben Resultat. Da SCHLEIP sich mit den Zuständen von *Dixippus* in seiner Arbeit über den Farbwechsel nur

als mit einem Nebenkapitel beschäftigt, auch MANGOLD besondere Versuche in dieser Richtung nicht erwähnt, ist wohl anzunehmen, daß sich die Angaben beider Autoren nur auf gelegentliche Beobachtungen beziehen. Bei meiner Untersuchung zeigte sich nämlich, daß am Tage der größte Teil der Tiere, etwa mit 3 Stunden Verspätung gegenüber der gewohnten Zeit, auch *bei völliger Dunkelheit die Schutzstellung annimmt.* So zeigt Abb. 9 das Ergebnis für 20 Tiere und 32 Stunden Beobachtungszeit.

Die Tiere wurden am Vorabend des ersten Beobachtungstages ins Dunkle gebracht und dann vom nächsten Morgen ab beobachtet. Als Lichtquelle diente wieder die Lampe mit dem roten Farbfilter.

Von den 20 beobachteten Tieren nahmen 17 am 1. Tage um 10 Uhr die Schutzstellung ein, also 85%. Im Laufe des Nachmittags nimmt die Zahl der in Schutzstellung befindlichen Tiere merklich ab, was ja normal bei Tageslicht nicht der Fall ist, hier also wohl auf die Dunkelheit zurückgeführt werden muß. Doch auch in der folgenden Nacht finden sich immer einige Tiere in Schutzstellung, im Gegensatz zu ihrem Verhalten bei normalem Lichtwechsel, wo ich nur in einem Falle bei meinen Dauerbeobach-

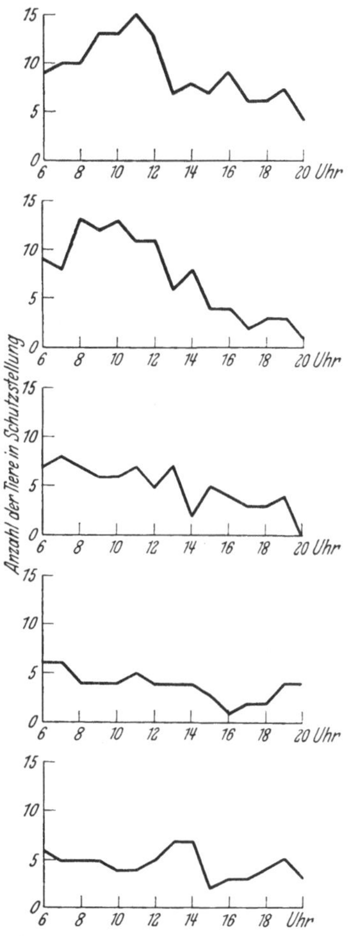

Abb. 10. Abklingen eines Rhythmus im Annehmen der Schutzstellung bei *Dixippus* in dauernder Dunkelheit (aufeinander folgende Tage).

tungen eine Schutzstellung in der Zeit von 0.24 bis 2.08 Uhr feststellen konnte.

Läßt man nun die Tiere längere Zeit im Dunkeln, so erscheint das Maximum der in Schutzstellung befindlichen Tiere, das, wie wir sahen, in den Vormittag fällt, zu diesem Zeitpunkt immer weniger und weniger ausgeprägt. Schon am 4. Tage tritt es nicht mehr deutlich hervor, sondern es

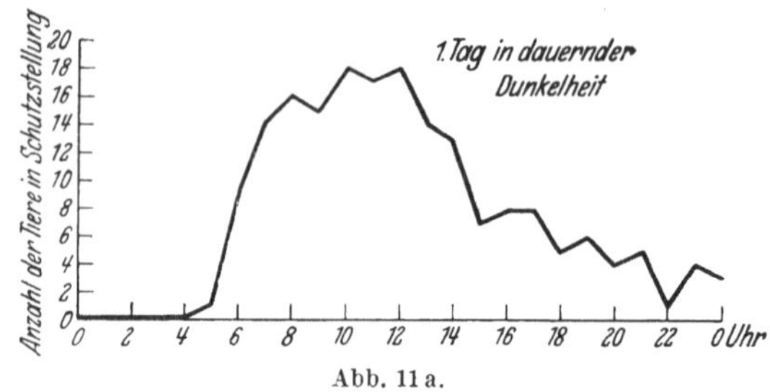

Abb. 11 a.

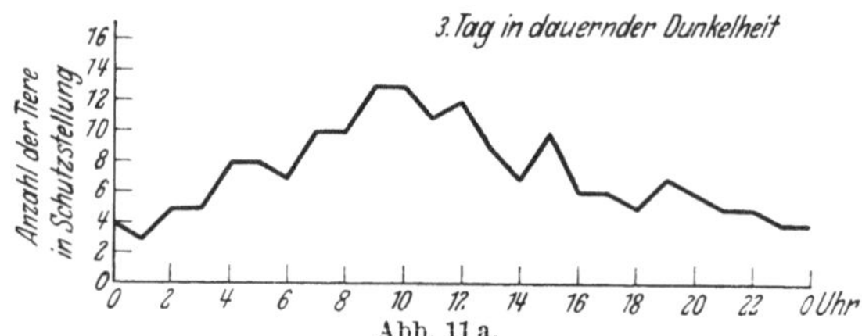

Abb. 11 a.

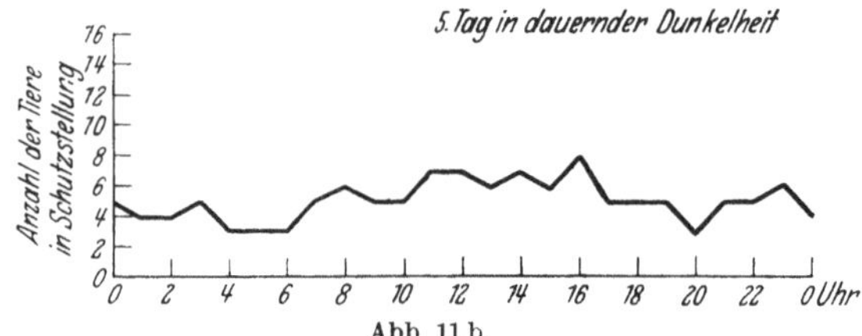

Abb. 11 b.

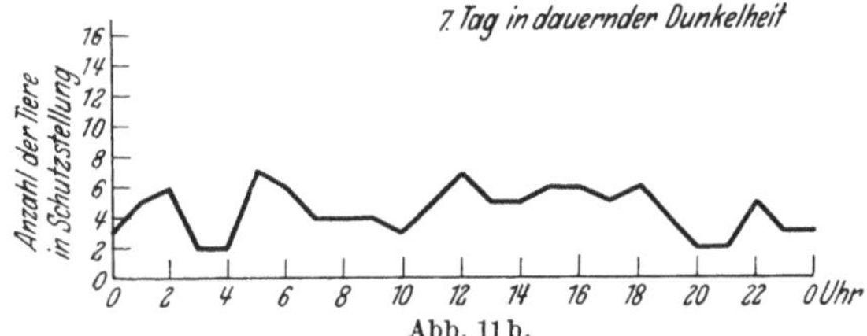

Abb. 11 b.

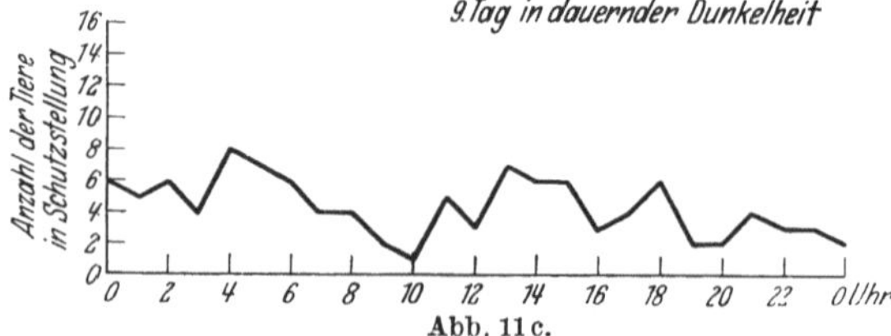

Abb. 11 c.

Abb. 11. Graphische Darstellung der Ergebnisse von Beobachtungen bezüglich der Schutzstellung
von *Dixippus* bei dauernder Dunkelheit.

ergibt sich in der graphischen Darstellung eine Kurve ganz zufälliger Art, bei der im Durchschnitt etwa 20% der Tiere in Schutzstellung sind. Abbild. 10 zeigt die Ergebnisse einer längeren Beobachtung, bei der die in Schutzstellung befindlichen Tiere stündlich ausgezählt wurden.

Abb. 11 gibt die Resultate eines weiteren derartigen Versuchs, bei dem die Stabheuschrecken am 1., 3., 5., 7., 9. Tag nach Beginn ihres Aufenthalts im Dunkeln beobachtet wurden. Auch hier zeigt sich das Abklingen des Rhythmus in wenigen Tagen. Ein deutlich ausgeprägtes Maximum der Tiere in Schutzstellung tritt seit dem 5. Tage nicht mehr auf. Doch scheint es fast, als ob an den beiden letzten Beobachtungstagen ein gewisser Rhythmus mit einer kleineren Periode von etwa 10 Stunden eingehalten wird.

Was veranlaßt nun bei dauernder Dunkelheit die Tiere dazu, die Schutzstellung anzunehmen, wenn die sonst dafür verantwortlich gemachte Lichtwirkung fortfällt? In Anlehnung an die bisherigen Ergebnisse könnte man sagen: Es ist das *Gefühl der Sättigung*, was die Stabheuschrecken dazu bringt. Doch sind die näheren Umstände einer solchen Annahme nicht sehr günstig. Denn dann müßte das Annehmen der

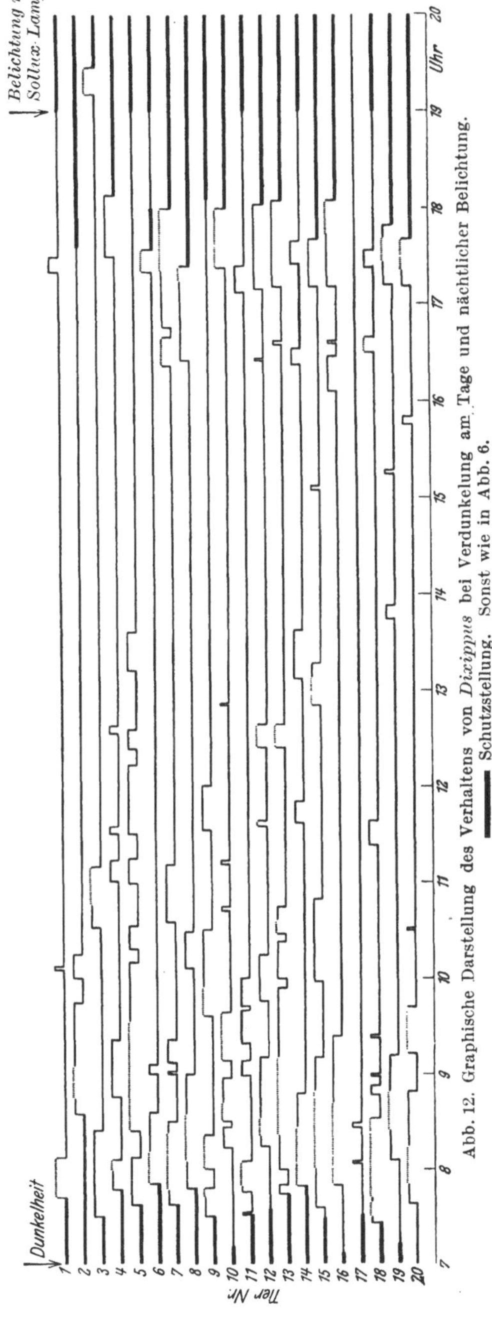

Abb. 12. Graphische Darstellung des Verhaltens von *Dixippus* bei Verdunkelung am Tage und nächtlicher Belichtung. ▬▬ Schutzstellung. Sonst wie in Abb. 6.

Schutzstellung in irgendeiner Beziehung zu der voraufgehenden Freßperiode stehen, etwa ihr nach einem Zeitraum von gewisser Größenord-
nung folgen. Ein solcher Zusammenhang läßt sich jedoch in keiner Weise
finden. Vielmehr fallen Freß- und Katalepsieperioden regellos durchein-
ander. Ja das Fressen scheint bei dauernder Dunkelheit überhaupt keinem bestimmten Rhythmus unterworfen zu sein. Dies sieht man, wenn
man, um vergleichbare Größen zu haben, in jeder einzelnen Stunde die
Zeit des Fressens für alle 20 Tiere addiert und die erhaltenen Werte in
einer Kurve zusammenstellt, wie dies in Abb. 9 (obere Kurve) geschehen
ist. Vergleicht man diese Kurve mit der daruntergezeichneten für die

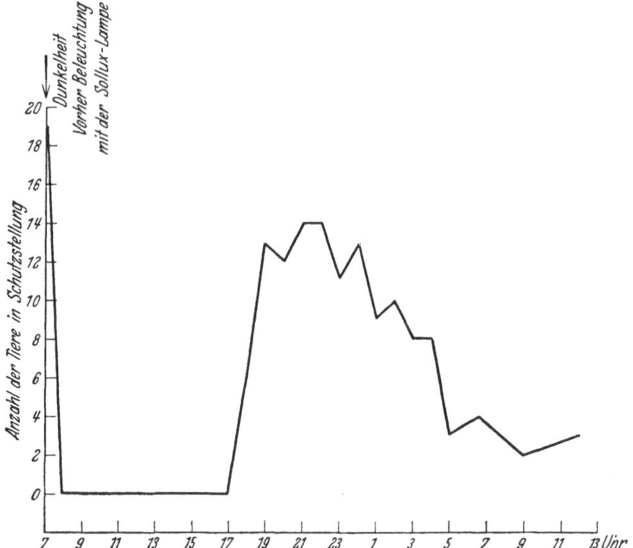

Abb. 13. Verhalten der Stabheuschrecken (*Dixippus*) in dauernder Dunkelheit nach vorheriger
Belichtung während der Nacht und Verdunkelung am Tage.

Schutzstellung, so sieht man, daß zwischen beiden eigentlich kein Zusammenhang bestehen kann. Die Kurve der Freßzeiten zeigt im Gegensatz zu der anderen eine zufällige Regellosigkeit, abgesehen natürlich davon, daß zu der Zeit, in der die meisten Tiere sich in Schutzstellung
befinden, auch verhältnismäßig wenig gefressen wird.

Zur Verfolgung der soeben behandelten Frage nach dem inneren
Rhythmus habe ich auch das Verhalten der Stabheuschrecken bei völliger
Umkehr des Tageszyklus, also bei Dunkelheit am Tage und nächtlicher
Beleuchtung untersucht.

20 Tiere wurden dazu am Tage vor der Beobachtung um 9 Uhr isoliert ins
Dunkle gebracht, nachdem sie vorher schon etwa 5 Stunden dem Tageslicht ausgesetzt gewesen waren. Von 19 Uhr ab wurden dann die Tiere mit der Solluxlampe beleuchtet und beobachtet. Sie nahmen sofort alle die Schutzstellung ein

und behielten sie bei, solange die Beleuchtung dauerte, mit Ausnahme eines Tieres, welches von 19.13—19.38 Uhr fraß, dann aber auch die Schutzstellung annahm. Nach 12stündiger Belichtung wurde die Lampe um 7 Uhr ausgeschaltet, die Tiere während des Tages in Dunkelheit beobachtet. Das Ergebnis zeigt Abb. 12.

Das Verhalten der Tiere am Tage zeigt hier ganz das Bild, das wir sonst von ihnen während der Nacht gewohnt sind. Neuartig erscheint nur, daß die Tiere schon bei Dunkelheit die Schutzstellung annehmen. Im Vergleich mit den Ergebnissen bei dauernder Verdunkelung ist dies nicht weiter verwunderlich, zeigt nur, daß die Tiere ihren Tagesrhythmus sehr schnell umstellen können.

Um dies genauer festzustellen, wurde die Belichtung im umgekehrten Rhythmus über weitere 5 Tage fortgesetzt (während dieser Zeit zeigten die Tiere kein Abweichen von ihrem Verhalten am ersten Tage, wie dies Abb. 12 zeigt), dann wurde in der 6. Nacht die Beleuchtung fortgelassen und die in Schutzstellung befindlichen Tiere stündlich ausgezählt (Abb. 13). Abb. 14 zeigt ebenfalls die Ergebnisse einer solchen Beobachtung an den 3 ersten Tagen nach Aufhören der umgekehrten Belichtung.

Es zeigt sich, daß der künstlich dem Tier eingeprägte Rhythmus von Hell und Dunkel ebenso wirksam wird, wie der normale Tageslichtwechsel.

Wir sehen uns also genötigt, für das Zustandekommen der Schutzstellung zu bestimmter Tageszeit anzunehmen, daß dabei ein innerer Faktor, *eine Neigung des Tieres, den gewohnten Wechsel beizubehalten*, eine Rolle spielt. Auch Schleip erkannte bei seinen Versuchen, daß bei der Reaktion der Stabheuschrecken auf Licht die „Disposition der Tiere" mitspielt. Wenn er nämlich die Tiere lange Zeit im Dunkeln hielt und sie dann nach kurzer Belichtung wieder verdunkelte, so gingen sie nicht wie gewöhnlich kurz darauf zur Bewegung über, sondern reagierten gar nicht auf die Verdunkelung. Schleip, dem die kataleptische Natur der Akinese von *Dixippus* noch nicht bekannt war,

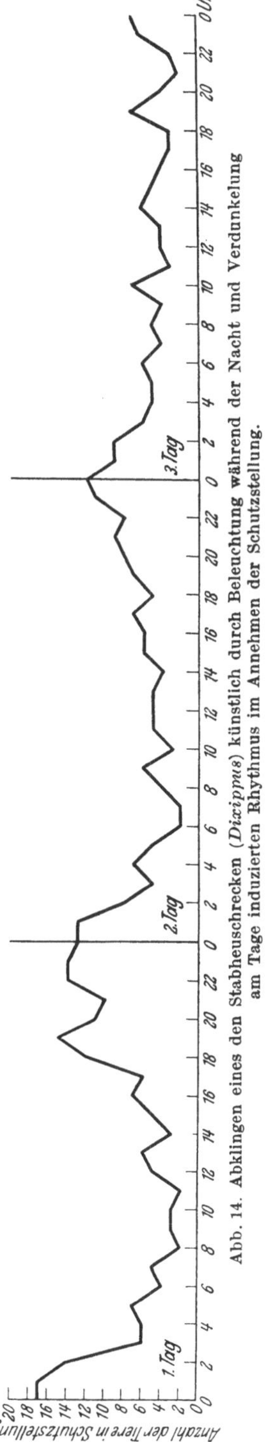

Abb. 14. Abklingen eines den Stabheuschrecken (*Dixippus*) künstlich durch Beleuchtung während der Nacht und Verdunkelung am Tage induzierten Rhythmus im Annehmen der Schutzstellung.

glaubte, daß hier die Ermüdung der Tiere eine Rolle spiele, doch wird diese Annahme unwahrscheinlich, wenn man berücksichtigt, daß die Dunkelheit die Tiere ja nicht direkt zur Bewegung zwingt, sondern auch lange Perioden von Akinese und Katalepsie im Dunkeln vorkommen. Und wir sahen ja auch, daß ohne diese kurze Belichtung die meisten der Tiere zur Ruhe kommen und die kataleptische Schutzstellung annehmen.

Daß der rhythmische Wechsel zwischen kataleptischem und nicht-kataleptischem Zustand eine *rein innere Ursache* hat, also dem Tier ein für allemal mitgegeben ist und etwa in gar keinem Zusammenhang mit dem Wirken von Außenfaktoren steht, ist *ausgeschlossen*, da er sich ja leicht durch andersartige Belichtung umstellen läßt und das maximal häufige Auftreten der kataleptischen Schutzstellung zu bestimmter Tageszeit in wenigen Tagen abklingt. In welcher Weise aber der Rhythmus durch die Außenfaktoren dem Tier eingeprägt wird, ob hier eine besondere Stimmung des Nervensystems vorliegt, die nach einigen Tagen abklingt, oder ob die Ursache zum periodischen Annehmen der Schutzstellung eine mehr äußerliche ist, wie etwa die Füllung des Darms oder ein besonderer physiologischer Zustand der Muskulatur nach vorhergehender Bewegung, vermag ich nicht zu entscheiden.

Das Festhalten eines *durch den Lichtwechsel bedingten Rhythmus* ließ sich von SCHLEIP auch für den Farbwechsel für *Dixippus* feststellen. Dieser Autor sagt dazu: „Man könnte sich vorstellen, daß unter der regelmäßig wechselnden Einwirkung natürlicher Helligkeit und Dunkelheit der Stoffwechsel regelmäßige periodische Veränderungen erfährt, ja dies muß sogar so sein, da die Tiere nur nachts fressen und sich bewegen. Nun könnte sich ein damit im Zusammenhang stehender Rhythmus im Zentralnervensystem einrichten." Ein derartiger Zusammenhang wäre auch hinsichtlich der Schutzstellung denkbar, wenn auch deren Beziehungen zu der Nahrungsaufnahme und der Bewegung, wie bereits gesagt, keine unmittelbaren sind.

Bei allen Lichtversuchen zeigte sich ferner eine *Reaktion der Stabheuschrecken auf plötzliche Lichtintensitätsänderungen*, so besonders beim Ein- und Ausschalten der Solluxlampe. Die Tiere schaukelten dann einige Sekunden, in seltenen Fällen wurden sie auch vollkommen beweglich. Das Merkwürdige ist dabei, daß diese Reaktion nicht nur, wie man vielleicht erwarten würde, bei Herabsetzung der Lichtstärke eintritt, sondern auch bei Intensitätssteigerung. Läßt man ganz kurze Perioden von Licht und Dunkelheit aufeinanderfolgen, so zeigt sich die Reaktion beim 3. oder 4. Wechsel nicht mehr, es tritt also schnell eine Reizgewöhnung ein.

Bei einer Versuchsserie mit 20 Tieren, bei der ein schneller Lichtwechsel durch Ein- und Ausschalten der Solluxlampe in Zeitintervallen von etwa 5 Sekunden hervorgerufen wurde, zeigten nur 7 Tiere überhaupt eine Reaktion auf

die Lichtintensitätsänderung. Bei diesen 7 Tieren klang die Reaktion in einer
Weise ab, wie sie Tabelle 2 darstellt.

Tabelle 2.

	Ausschalten	Einschalten	Ausschalten	Einschalten
1.	+	+		
2.	+	+		
3.	+			
4.	+	+	+	
5.	21 Sek. Bewegung	+	+	+
6.	+			
7.	+			

+ = Kurze Bewegung unter 5 Sekunden.

Die Reaktion tritt auch bei Tieren ein, denen Augen und Kopffläche
mit schwarzem Lack bestrichen sind, die also nur mit dem Hautlichtsinn das Licht wahrnehmen. Die Schnelligkeit der Reaktion zeigt, wie
gut und schnell ein Unterschied in der Lichtintensität durch diesen Sinn
perzipiert wird.

Eine ökologische Bedeutung dieser Reaktion ist nicht zu erkennen. Sie wäre
vielleicht gewissen Schattenreflexen von einigen niederen Wirbellosen an die
Seite zu stellen, die bei plötzlicher Lichtintensitätssenkung eine bestimmte Reaktion ausführen. Doch müßte der Eintritt der Bewegung gerade hier bei
Dixippus einem Feinde gegenüber mehr von Nachteil als von Vorteil sein, da ein
sich bewegendes Tier leichter bemerkt wird.

Anhangsweise sei hier auf das Verhalten von *Diapheromera femorata*
eingegangen, die, wenn auch nicht allgemein, so doch hinsichtlich der Beantwortung von Lichtreizen von *Dixippus* erheblich abweicht. Obwohl
Katalepsie mit Schutzstellung bei dieser Art ebenso wie bei *Dixippus*
vorkommt, so richtet sich ihr Auftreten jedoch in keiner Weise nach den
Lichtverhältnissen. Die Tiere, die allgemein etwas lebhafter sind als
Dixippus, fressen zu allen Tages- und Nachtzeiten, auch das hellste
Sonnenlicht hat keinen katalepsieauslösenden Einfluß. Bei drei Tieren,
die ich 24 Stunden lang beobachtete, zeigte sich diese Unabhängigkeit
vom Licht, die ja allgemein recht auffallend ist, in sehr deutlicher Weise.

c) Mechanische Reize.

Die Beantwortung mechanischer Reize zeigt bei *Dixippus* große Verschiedenartigkeit. Dies zeigt schon der Umstand, daß mechanische Reize
die Katalepsie sowohl aufheben wie hervorrufen können. Wenn man
z. B. nach SCHMIDT ein kataleptisches Tier „unsanft mit der Pinzette
am hintersten Bauchsegment anfaßt, wenn man es an dem Fühler zupft,
an den Beinen zwickt oder es anhaucht", so wird es beweglich und sucht
zu entfliehen. Die Höhe und Dauer der Beweglichkeit zeigt nun eine
deutliche *Abhängigkeit von den äußeren und inneren Faktoren*, die auf das

Tier einwirken. Bei hellem Tageslicht und nicht allzu hoher Temperatur wird es bald wieder zur Ruhe kommen, während es in der Nacht auf die angeführten Reize hin lange in Bewegung bleibt, ja manchmal sogar eine Strecke von mehr als 1 m ohne Unterbrechung läuft. Am besten tritt bei diesen Reizen auch der *Unterschied bezüglich des Alters* in Erscheinung: Während es manchmal fast nicht möglich ist, erwachsene Tiere dazu zu bewegen, auch nur einige Zentimeter weiterzulaufen, genügt bei frisch-geschlüpften Larven schon ein leiser Anstoß oder ein ganz schwacher Luftzug, um sie auch am Tage für längere Zeit in Bewegung zu setzen. Die unter den obwaltenden Nebenumständen *höchstmögliche* Beweglich-keit erreicht man meinen Beobachtungen nach dadurch, daß man das Tier am Abdomen erfaßt und es über eine rauhe Fläche, etwa Fließ-papier, hinzieht (dieselbe Versuchstechnik wandte WEYRAUCH zur Aus-lösung der Hypnose bei *Forficula* an). Infolge eines besonderen Reflexes, der später noch behandelt werden soll, krallen sich die Tarsen an der Unterlage fest und wirken so dem Zug entgegen. Dadurch wird dann gleichzeitig auf alle Beine und auch auf das Abdomen ein Zug ausgeübt, der die höchste Aktivität zur Folge hat. Weniger ein Zwicken, sondern mehr ein Zug, der auf Beine, Fühler und Abdomen ausgeübt wird, ist ein wirksames Mittel zur Aufhebung der Katalepsie.

Doch auch weit schwächere Reize genügen oft zur Mobilisierung. So zuweilen eine leichte Erschütterung des Zuchtbehälters, eine ganz leichte Berührung. Andererseits werden sehr starke Reize gar nicht beant-wortet, ich erinnere hier nur an die Versuche von SCHMIDT, der einem kataleptischen Tier sogar nach und nach das Abdomen abschneiden konnte, ohne daß es erwachte. Ich selbst habe Operationen, z. B. Durch-schneidung des Bauchmarks, meist ohne Narkose an kataleptischen Tieren ausgeführt, was den Vorteil hatte, daß sich gleich nach der Opera-tion das Verhalten des Tieres beobachten ließ. Auch dieser sehr starke Reiz hatte oft nicht völliges Erwachen zur Folge.

Ein anderer Versuch: Ich nehme ein Tier, das sich in Ruhestellung oder in langsamer Bewegung befindet, und werfe es aus 30 cm Höhe mit der Rückenseite nach unten auf die Tischplatte. Augenblicklich tritt der Umdrehreflex ein, das Tier macht lebhafte Fluchtbewegungen. Nun mache ich denselben Versuch mit einem zweiten Tier: Der Erfolg ist ein ganz anderer: Das Tier legt nach Aufschlagen auf die Tischplatte unter leisem Zittern die Beine an den Körper und nimmt die Schutz-stellung ein. Weitere Versuche ergeben das gleiche wechselvolle Bild: Teils höchste Aktivität, teils höchste Katalepsie. In ähnlicher Weise wirkt auch die von MANGOLD angegebene Methode, einem *Dixippus* eine Pinzette unter die Brust zu schieben und ihn damit plötzlich auf den Rücken zu werfen. Doch ist der Erfolg, eine Katalepsie auszulösen, hier viel seltener.

Bei Tieren, die sich auf diese Weise nicht in Katalepsie versetzen lassen, erweist sich eine andere Methode als meist erfolgreich. Nach MANGOLD kann man auf sicheren Erfolg rechnen, wenn man ein Tier durch Festhalten mit Holzstäbchen (besser wirkt vielleicht noch ein ganz glatter Glasstab) in der Rückenlage fixiert und so den Umdrehreflex unterdrückt. Die Katalepsie tritt dann ein nach längerem oder kürzerem Bemühen des Tieres, sich frei zu machen. Man kann dann vorsichtig den Stab entfernen. Auch bei dieser Methode läßt sich große Verschiedenheit in der Reaktion beobachten. Zuweilen tritt die Katalepsie nach 5—10 Sekunden ein, meistens nach 20—40 Sekunden, manchmal dauert es aber auch 3 oder 5 Minuten, bis das Tier seine Bewegungen einstellt. Zum Ziele führt diese Methode wohl letzten Endes immer, es fragt sich nur, ob es gerade der Reiz der Rückenlage und der auf das Tier wirkende Druck ist, der die Katalepsie eintreten läßt.

In den Fällen, in denen die Akinese sehr schnell eintritt, kann man dies annehmen. (Begünstigt wird das schnelle Eintreten noch dadurch, daß man es sorgfältig vermeidet, den Beinen des Tieres irgendwelche Angriffspunkte zu bieten.)

In den Fällen aber, in denen die Bewegung des Tieres lange anhält, kann man wohl kaum von einer Wirkung dieser Versuchsanordnung als katalepsieauslösend sprechen. Denn wenn man die Zeit bis zum Eintritt der Bewegungslosigkeit bei einem so fixierten Tier und einem frei beweglichen vergleicht, so zeigt sich, daß eine Zeit von 3 Minuten in allen Fällen ausreicht, am hellen Tage auch ein frei herumlaufendes Tier zur Ruhe kommen zu lassen. Ja, meist genügt dazu schon eine Zeit von einer halben Minute. Man kann also annehmen, daß es auch bei dem in Rückenlage fixierten Tier im Falle langer Bewegung die *Wirkung des Lichtes* ist, die schließlich die Akinese veranlaßt. Auch MANGOLD beobachtete einen Einfluß des Lichtes bei dieser Versuchsanordnung. Ja es scheint manchmal sogar, als ob der Reiz der Rückenlage und das dadurch ausgelöste Bestreben des Tieres, sich frei zu machen, das Eintreten der Katalepsie verzögern.

Es ist also in diesem Falle nicht immer die besondere Anordnung des Versuchs, sondern der gleichzeitig gegebene *Lichtreiz*, der die Katalepsie auslöst. Dafür spricht auch eine Heraufsetzung der Bewegungszeit bis zu 14, 12, 21 Minuten, wenn der Versuch *im Dunkeln* angestellt wurde. Ja, viele Tiere erweisen sich im Dunkeln gegenüber dieser Methode als völlig refraktär.

Es betrug der Mittelwert der Zeitdauer bis zum Eintritt der Akinese in je 20 Versuchen mit verschiedenen Tieren
> bei Tageslicht: 16,59 Sekunden,
> bei Dunkelheit: über 10,3 Minuten.

Blieben die Tiere 20 Minuten refraktär, so wurde der Versuch abgebrochen; die angegebene Zeit von 10,3 Minuten gilt also nicht für die Dauer bis zum Eintritt der Bewegungslosigkeit, sondern für das Minimum dieser Dauer.

Zusammenfassend läßt sich zu den Ergebnissen dieser Versuche sagen: *Es ist nicht möglich, die Art des Verhaltens von Dixippus gegenüber bestimmten mechanischen Reizen in einer allgemein gültigen Weise zu charakterisieren. Stets ist die Reaktion in weitestem Maße von anderen gleichzeitig auf das Tier einwirkenden Außenumständen abhängig und fällt entsprechend deren Verschiedenheit ganz verschieden aus.* Nur wenn man alle inneren und äußeren Reize kennen würde, die auf das Versuchstier einwirken, wäre man in der Lage, die Art der Beantwortung eines bestimmten mechanischen Reizes vorauszusagen.

Zu einem recht abweichenden Ergebnis hinsichtlich der Beantwortung mechanischer Reize kam RABAUD in seiner Arbeit über den Immobilisationsreflex der Arthropoden. RABAUD macht nämlich einen strengen Unterschied zwischen der Katalepsie von *Dixippus*, die auf mechanische Reize entsteht und der vom Tier spontan angenommenen. Die letztere identifiziert er, so merkwürdig es klingt, mit dem Schlaf. Analgesie und Flexibilitas cerea will er trotz monatelanger Beobachtungen bei ihr nie bemerkt haben. Er sagt: „Je ne puis arriver à comprendre l'erreur de P. SCHMIDT, . . .“ „P. SCHMIDT . . . a confondu un animal endormi avec un animal immobilisé.“ Im Gegensatz dazu hat RABAUD nur bei durch mechanische Reize hervorgerufener Akinese kataleptische Erscheinungen der bekannten Art beobachtet. Wie er zu einem derartigen Resultat gekommen ist, vermag ich mir nicht zu erklären. Unter Berücksichtigung aller bisherigen Arbeiten über *Dixippus* und meiner eigenen Beobachtungen glaube ich das Gegenteil behaupten zu können: *Durch welche Reize die Katalepsie auch hervorgerufen sein mag, stets handelt es sich um ein und dieselbe Erscheinung.*

In diesem Zusammenhang will ich noch kurz auf den bei Stabheuschrecken häufig vorkommenden *Kannibalismus* eingehen, der mit der weitgehenden Analgesie dieser Tiere in kataleptischem Zustand zusammenhängt. Es kommt häufig vor, daß kataleptische Tiere von anderen an den Extremitäten oder am Abdomen, seltener am Thorax angefressen werden, ohne daß sie deshalb erwachen. Die dadurch entstehende Verletzung ist oft tödlich. Und zwar sind es besonders die jüngeren Larven, welche stets früher aufwachen als die Imagines und dann über diese herfallen. Doch läßt sich der Kannibalismus sehr stark einschränken, ja fast gänzlich ausschalten, wenn man darauf achtet, daß in demselben Aufzuchtbehälter nur Tiere von etwa derselben Größe untergebracht sind. Denn gerade in den Gefäßen, die Tiere jeden Stadiums enthalten, zeigt sich der Kannibalismus am stärksten.

Das *Fehlen der Antennen* scheint den Kannibalismus zu fördern. So waren von acht Tieren, denen zu Versuchen über den chemischen Sinn die Antennen amputiert worden waren, und die nur eine Nacht in einem gemeinsamen Behälter untergebracht waren, am nächsten Morgen nur noch drei lebensfähig, während die anderen so starke Verletzungen aufwiesen, daß sie daran starben, und daß man staunen mußte, wie es den Tieren möglich war, sich in einer derartigen Weise gegenseitig zu verstümmeln.

Daß „länger andauernde Beißereien" zwischen beweglichen Tieren, von denen MEISSNER spricht, bei den Stabheuschrecken vorkommen, habe ich nie gesehen, halte es auch nach meinen Beobachtungen für unwahrscheinlich.

d) Reflexerregbarkeit ohne Aufhebung der Katalepsie.

Nicht immer ist zur Beantwortung mechanischer oder anderer Reize eine völlige Aufhebung der Katalepsie nötig. Bei bestimmten Reizen kann die Beantwortung auch bei völliger Katalepsie stattfinden. Denn wenn auch die Katalepsie als ein Zustand der Reizunempfindlichkeit charakterisiert zu werden pflegt, so handelt es sich, wie wir bereits sahen, um keine totale Reizunempfindlichkeit, denn mechanische Reize und Lichtintensitätsschwankungen werden ja auch vom kataleptischen Tier perzipiert und durch Aufhebung oder Herabsetzung der Katalepsie beantwortet. Aber auch ohne gleichzeitige Aufhebung der Katalepsie ist die Reizunempfindlichkeit keine vollständige, sondern *Dixippus* hat auch die Fähigkeit, auf einige Reize bei völliger Katalepsie zu reagieren.

Hierhin gehört die Erscheinung, daß kataleptische Tiere, die sich in *Ruhestellung* befinden, auf einen mechanischen Reiz hin plötzlich die *Schutzstellung* annehmen. Dieses kann so plötzlich geschehen, daß die Tiere, wenn sie dabei etwa an einem Zweig oder einer senkrechten Wand sitzen, *herunterfallen*, was durch ihre stabförmige Gestalt noch begünstigt wird. Es ist nicht nötig, anzunehmen, daß während dieser kurzen Reflexbewegung die Katalepsie aufgehoben ist und dann gleich wieder eintritt, oder das Herabfallen als einen besonderen Reflex anzusehen.

Ein solches *Herabfallen* kann auch auf ein ganz anderes Verhalten des Tieres hin eintreten, das bei oberflächlicher Betrachtung der eben beschriebenen Reaktion sehr ähnlich sieht: Nämlich wenn man ein bewegliches Tier mit der Hand aufzunehmen sucht, und dieses dann beim Fluchtversuch — vielleicht sogar infolge eines besonderen Reflexes — herunterfällt und auf dem Boden infolge des Aufschlagens kataleptisch wird, die Schutzstellung annimmt. Welche von beiden Erscheinungen, die ja im Erfolg dieselben sind, im Einzelfalle vorliegt, wird sich immer nur entscheiden lassen, wenn man das Tier vorher genau beobachtet hat. Der „*Dropping-Instinct*", den STOCKARD für *Aplopus Mayeri* beschreibt, bezieht sich wohl auf beide Möglichkeiten. Seine biologische Bedeutung ist ohne weiteres klar: Der angreifende Feind verliert das herabfallende Tier aus den Augen.

Oft hat man Gelegenheit, an einem in kataleptischem Zustande herabfallenden Tier noch einen weiteren hierhin gehörenden Reflex zu beobachten: Wenn man ein in der Schutzstellung auf dem Rücken liegendes Tier an der Unterseite einer Tibia berührt, so führen die Tarsen desselben Beines eine Einkrümmung, eine Bewegung nach innen aus. Ist der Reiz stärker, so beteiligt sich auch die Tibia an der Reaktion, indem sie einen leichten Schlag ausführt. Gewöhnlich hat diese Bewegung den Erfolg, daß die Krallen des betreffenden Beines mit dem zur Reizung benutzten Gegenstand in Berührung kommen und sich an ihm festklammern. Dieser Festklammerreflex läßt sich in der Rolle, die er bei den Stabheuschrecken spielt, gut beobachten, wenn ein kataleptisches Tier zwischen den Zweigen seiner Nährpflanze hindurchfällt: Wird die Unterseite eines Beines von einem Zweige berührt, so führt dieses augenblicklich eine Bewegung nach unten aus und hält sich an dem Zweige fest. Das Tier bleibt dadurch also auf halber Höhe hängen und entzieht sich so in geradezu unübertrefflicher Weise den Blicken des Beobachters, der es vergeblich am Boden sucht. Ja dieser Reflex kann für das Tier noch einen weiteren Nutzen haben: Es bleibt in den meisten Fällen auf seiner Nährpflanze (im Freien wahrscheinlich in der Krone eines Baumes), während es sonst, wenn es bei jedem Herabfallen den Boden erreichen würde, oft gezwungen wäre, einen bei seiner geringen Beweglichkeit außerordentlich weiten und gefährlichen Weg bis zu den Blättern seiner Futterpflanze zurückzulegen.

Der *Festklammerreflex* erschwert übrigens das Arbeiten mit kataleptischen Tieren in hohem Maße, denn jedes der Beine haftet an den Fingern oder der Pinzette fest, sobald sich Möglichkeit dazu bietet. Man ist gezwungen, die Krallen wieder loszureißen, also damit einen Reiz auf das Tier auszuüben, der am besten geeignet ist, die Katalepsie aufzuheben. Besonders bei Operationen an kataleptischen Tieren erweist sich dies als äußerst störend.

Nicht nur auf mechanische Reize hin können solche Reaktionen bei völliger Katalepsie auftreten, sondern auch auf Reize anderer Art. Eine solche Reaktion auf Reizung einzelner Extremitäten mit hoher Temperatur soll im Kapitel über Wärmereize noch näher behandelt werden.

Schließlich sei hier noch ein Reflex erwähnt, der auch bei völliger Katalepsie auftritt, nämlich eine *Atembewegung*, die nach einer Arbeit von v. BUDDENBROCK und v. ROHR eintritt, wenn sich in der Umgebung des Tieres Kohlensäure anreichert. Doch ist diese Bewegung nur mit einem besonderen Manometer nachzuweisen, nicht makroskopisch sichtbar. Da es sich um eine Tätigkeit des visceralen Nervensystems handelt, dessen Tätigkeit ja auch sonst während der Katalepsie nicht unterbunden ist (Defäkation, Eiablage), so ist das Auftreten dieses Reflexes hier nicht verwunderlich.

Eine weitere derartige Reaktion ist mir bei meinen Beobachtungen nicht aufgefallen, doch soll das Vorkommen anderer Reflexe während der Katalepsie durch diese Aufzählung nicht ausgeschlossen sein.

e) Narkoseversuche.

Gegen Narkose jeder Art zeigen sich die Stabheuschrecken außerordentlich widerstandsfähig. Erst 15—20 Minuten Aufenthalt in äthergesättigter Luft haben letale Wirkung. Versuche mit Ätherbehandlung hat zuerst REISINGER angestellt. Er narkotisierte nicht nur ganze Tiere, sondern auch ein Kopf-Thorax-Stück (nach Durchschneidung in der Mitte), um zu sehen, ob durch die Verstümmelung eine Änderung im Verhalten des Tieres gegenüber diesen Versuchsbedingungen eintritt. Im ganzen machte er sieben Narkoseversuche. Er konnte durch diese deutlich zeigen, daß durch Einwirkung von Ätherdämpfen die Katalepsie aufgehoben wird.

Ich habe diese Versuche vielmals wiederholt (im ganzen habe ich über 250 derartige Versuche gemacht). Dabei fand ich das aus jener viel geringeren Zahl von Versuchen gewonnene Resultat REISINGERS im wesentlichen durchaus bestätigt. Nur hinsichtlich des Verhaltens der Stabheuschrecken nach Beendigung der Ätherbehandlung habe ich einiges hinzuzufügen.

Da REISINGER die Einzelheiten seiner Versuche genau beschreibt, und meine Beobachtungen im großen und ganzen mit den seinen übereinstimmen, will ich hier nicht auf die einzelnen Versuche von REISINGER und auf meine Versuchsprotokolle eingehen, sondern will ein allgemeines Bild eines Narkoseversuches geben, wie ich es in etwa 75% der Fälle verwirklicht fand, während die restlichen Tiere ein mehr oder weniger davon abweichendes Verhalten zeigten.

Zunächst ist es für das Resultat der Versuche völlig gleich, ob das Versuchstier bei Beginn der Ätherbehandlung *kataleptisch ist oder nicht*, denn auch ein bewegliches Tier nimmt hier wie unter normalen Bedingungen nach kurzem Herumlaufen zunächst die Ruhestellung ein.

Nach 2—3 Minuten Ätherbehandlung beginnt das Tier sich zu regen, die Katalepsie wird nach und nach aufgehoben. Zuerst bewegen sich die Mundgliedmaßen heftig, dann auch die Beine, das Tier macht Gehversuche, die aber schon etwas unsicher sind. Es versucht, an der Glaswand seines Behälters heraufzuklettern, gleitet dabei ab und bleibt meist auf dem Rücken liegen, heftig zappelnd. Zuweilen beobachtet man auch, daß die hinteren Beinpaare noch völlig ihren Dienst tun, während das vordere gelähmt erscheint und durch sein Nachschleifen einer Fortbewegung hinderlich ist, so daß das Tier sich mitunter buchstäblich überschlägt.

Diese Gehversuche dauern meist ungefähr 2 Minuten. Darauf ist das Tier nicht mehr in der Lage, die normale Körperhaltung einzunehmen, es liegt auf dem Rücken und zappelt heftig, so daß deutlich zu sehen ist, daß keine Spur von Katalepsie vorhanden ist. Bei Larven ist dieses Zappeln häufiger zu beobachten und stärker als bei den Imagines. Nach weiteren 2—10 Minuten wird das Tier völlig bewegungslos. Nimmt man es jetzt aus dem Behälter heraus, so zeigt sich, daß alle Muskeln entspannt und schlaff sind. Das stärkste Stadium der Narkose, das dem Tode vorausgeht, ist erreicht.

Wird die Ätherbehandlung jetzt abgebrochen, so bleibt dieser Zustand längere oder kürzere Zeit, je nach der Dauer der Behandlung, etwa bis zu 1 Stunde erhalten. Dann beginnt wieder eine sehr heftige Zappelbewegung der Beine, die also ein Stadium leichterer Narkose anzeigt. Es ist mir durch keinerlei Reize gelungen, ein in diesem Stadium befindliches Tier in Katalepsie zu versetzen. Dieser Zustand ist meiner Meinung nach am besten geeignet, die Aufhebung der Katalepsie bzw. die Verhinderung ihres Eintretens durch Narkose zu demonstrieren. Er dauert verschieden lange (das beobachtete Maximum seiner Dauer war $1\,^{1}/_{4}$ Stunde) und klingt mit einem leisen Zittern der Beine und Antennen ab.

Kurze Zeit darauf macht das Tier, wenn es gereizt wird, schon schwache Lagekorrektionsversuche und Fluchtbewegungen, und etwa $^{1}/_{4}$ Stunde später kann man bereits Symptome der Katalepsie beobachten. Doch sind die Muskeln zunächst noch bedeutend weniger gespannt als bei normaler Katalepsie. Wenn es schon bei normalen Tieren nur in einem geringen Teil der Fälle gelingt, die „kataleptische Brücke" herzustellen, wie sie zuerst P. SCHMIDT beschrieben und abgebildet hat, so ist dies hier ganz unmöglich. Die Schutzstellung wird zunächst noch nicht angenommen; sie kommt vielmehr erst zur Beobachtung, wenn überhaupt keine Nachwirkungen der Narkose festzustellen sind.

Beim ersten Eintreten der Katalepsie nach der Narkose jedoch sind die Stabheuschrecken nur durch viel stärkere mechanische Reize zu erwecken, als sonst kataleptische Tiere. Auch kommen sie, wenn sie zur Bewegung gezwungen werden, viel schneller wieder zur Ruhe, als normale Tiere.

Um zahlenmäßige Belege für diese Beobachtung zu erhalten, machte ich folgenden Versuch: Ein Tier in normalem Zustande wurde durch mechanische Reize in Bewegung versetzt und dann mit der Stoppuhr genau die Zeit festgestellt, bis zu der es wieder zur Ruhe kam. Dann wurde das Tier narkotisiert, und wenn es sich von der Narkose wieder soweit erholt hatte, daß deutliche Katalepsiesymptome an ihm festzustellen waren, wieder zur Bewegung gezwungen und deren Dauer festgestellt. Das Ergebnis von derartigen Versuchen mit 30 Tieren zeigt Tabelle 3.

Die Versuchsreihe zeigt sehr deutlich, daß die Dauer der Bewegung bei den vorher narkotisierten Tieren eine erheblich kürzere ist. Sie beträgt im Durchschnitt nur $^{1}/_{5}$ von der der normalen Tiere. Ob man freilich in dieser schnelleren Einstellung der Bewegung, der meistens bald der Eintritt der Katalepsie folgt, eine Förderung der Katalepsie durch vorhergehende Narkose sehen kann, mag dahingestellt bleiben.

Auch eine andere Versuchsreihe, die ich zur Verfolgung dieser Frage anstellte, konnte hierüber keinen Aufschluß geben. Es wurden normale Tiere und solche,

Tabelle 3.

	Dauer der Bewegung in Sekunden			Dauer der Bewegung in Sekunden	
	vor der Narkose	nach der Narkose		vor der Narkose	nach der Narkose
1.	11	4	Übertrag	293	54
2.	18	2	17.	9	5
3.	7	5	18.	24	4
4.	37	4	19.	6	4
5.	16	5	20.	17	1
6.	22	1	21.	33	4
7.	9	1	22.	4	3
8.	36	3	23.	26	7
9.	12	2	24.	11	2
10.	27	5	25.	20	2
11.	13	7	26.	3	5
12.	10	2	27.	15	1
13.	18	6	28.	9	5
14.	38	1	29.	5	2
15.	5	4	30.	26	4
16.	14	2			
	293	54		501	104

die sich gerade aus der Narkose erholt hatten, in Bewegung versetzt und 90 Sekunden nach der Beendigung der die Bewegung auslösenden Reizung durch Biegen der Beine auf das Vorhandensein von Katalepsie untersucht. Der Versuch wurde mit 50 normalen und 50 vorher narkotisierten Tieren ausgeführt und bei jedem fünfmal wiederholt. Bei den also im ganzen 250 Versuchen mit normalen Tieren zeigten 114, bei denen mit narkotisierten Tieren 127 deutliche Katalepsie. Der Unterschied von 11% ist zu gering, um die Annahme einer Förderung der Katalepsie durch vorhergehende Narkose zu rechtfertigen. Für den Zahlenwert 114, den wir in den 250 Versuchen mit nicht narkotisierten Tieren erhielten, ist der mittlere Fehler $m = \pm 7{,}87$. Die Zahl 127, die Anzahl der kataleptischen Tiere in den Versuchen mit vorher narkotisierten Stabheuschrecken, liegt also innerhalb der Grenzen des zweifachen mittleren Fehlers.

f) Elektrische Reize.

MANGOLD spricht auch einer Behandlung der Stabheuschrecken mit Induktionsströmen eine katalepsieauslösende Wirkung zu. Seine Methode war folgende: Mit den angefeuchteten Elektroden eines Schlitteninduktoriums wurde bei ziemlich starken Strömen die Bauchseite des beweglichen Tieres in der Gegend des zweiten Beinpaares bestrichen. Dieses Beinpaar krümmt sich auf den Reiz hin ein, und das Tier bleibt auf den anderen vier Beinen in Ruhestellung stehen. Beim Erwachen werden zuerst die beiden anderen Beinpaare beweglich, das mittlere wird zunächst nur mitgeschleppt. Bei Reizung der ventralen Kopfseite ist die Wirkung noch stärker, das Tier krümmt die beiden ersten Beinpaare ein und bleibt dann „minutenlang" in der zusammengesunkenen Stellung regungslos liegen, aus der es meist momentan nicht wieder erweckt werden kann. „Bei stärkerer ventraler Reizung beobachtet man übrigens häufig Sekretaustritt aus dem Munde und Eiablage".

Ich habe diese Versuche vielmals wiederholt und bin dabei zu einem, wenigstens in der theoretischen Deutung — MANGOLD deutete die hier ausgelöste Akinese als Katalepsie — von MANGOLD abweichendem Ergebnis gekommen.

Meine Versuche führte ich mit einem Schlitteninduktorium aus, mit einer Stromquelle von 4 Volt. Die Reizung der Tiere mit den Elektroden erfolgte in der von MANGOLD angegebenen Weise.

Durch Verschieben des Induktoriumschlittens läßt sich die Stärke des Induktionsstromes in beliebiger Weise variieren. Auf ganz schwache Ströme zeigten weder kataleptische noch bewegliche Tiere eine Reaktion. Erst von einer gewissen Stromstärke ab zeigt sich eine Reaktion, und zwar tritt diese, wenn sie überhaupt eintritt, anscheinend sogleich in vollem Umfange auf, ist also von einer weiteren Heraufsetzung der Stromstärke unabhängig. Ihr Ablauf ist etwa folgender:

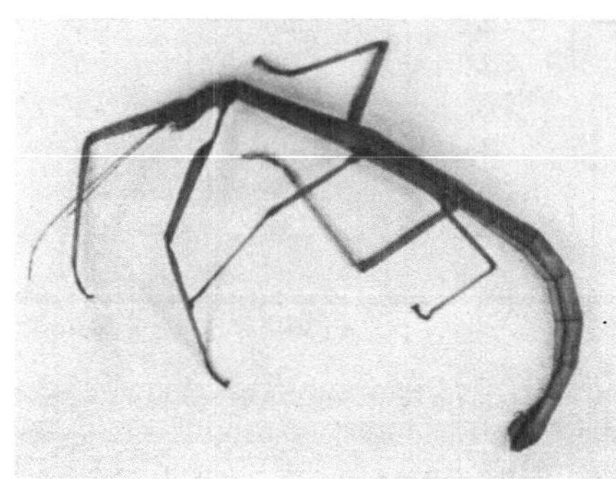

Abb. 15. *Dixippus* nach Behandlung mit Induktionsstrom. Das Tier ist im Begriff, das rechte Mittelbein abzuwerfen.

Sofort bei der ersten Einwirkung des Reizes ist eine *heftige Muskelkontraktion* in den dem Reizort am nächsten liegenden Extremitäten und auch Rumpfpartien zu beobachten, die sich bald über den ganzen Körper erstreckt. Die Muskelkontraktionen in den Beinen nehmen dann abwechselnd zu und lassen nach, so daß die Beine krampfhafte Bewegungen und Zuckungen ausführen, die auch nach Aufhören des Reizes fortdauern. Der Kopf wird nach ventral gebogen, offenbar weil die ventrale Kopfmuskulatur besonders stark kontrahiert wird. Das Abdomen führt zuckende Bewegungen aus, und wird meistens schließlich auch stark nach ventral eingekrümmt. Bei erwachsenen Tieren tritt dann auch häufig *Autotomie* eines oder mehrerer Beine ein. Erst etwa 2 Minuten nach Aufhören des Reizes lassen die Muskelkontraktionen und Zuckungen nach, das Tier führt zunächst noch schwache Bewegungen mit den Extremitäten aus, etwa wie im Zustand schwacher Äthernarkose, dann geht es zu völliger Ruhe über. Untersucht man jetzt den Zustand seiner Muskulatur, etwa durch Aufheben eines Beines, so erkennt man, daß die Muskeln völlig schlaff sind. Irgendeine dem Tier künstlich gegebene

Stellung wird sogleich dem Gesetz der Schwere folgend ausgeglichen. Mechanische Reize, die einen kataleptischen Zustand aufheben würden, werden so gut wie gar nicht beantwortet; zwickt man das Tier an den Tarsen, so erfolgt allenfalls eine schwache Einkrümmung des gereizten Beines.

Diese Akinese dauert etwa $^1/_2$ Stunde. Nach dieser Zeit zeigt das Tier auf Reize hin schon stärkere Reaktionen, beginnt vielleicht schon sich etwas vorwärts zu schleppen, wobei der Rumpf noch schwer über den Untergrund geschleift wird, und oft auch nur ein Teil der Beine arbeitet, während die anderen wie gelähmt nachgeschleppt werden.

Vergleicht man dieses Verhalten mit der normalen, etwa durch Licht hervorgerufenen Katalepsie, so ergibt sich wohl, daß hier zwei ganz verschiedene Erscheinungen vorliegen. *Sind doch beim elektrisierten Tier die durch Definition an die Katalepsie gestellten Bedingungen nicht erfüllt.* Eine Flexibilitas cerea läßt sich in keinem der beschriebenen Zustände beobachten, zunächst ist die Muskulatur tetanisch kontrahiert, dann aber wird ihr Zustand hypotonisch. In der ersten Phase bewegt das Tier seine Extremitäten, während für kataleptischen Zustand doch Akinese zu fordern wäre. Auch Autotomie und Sekretaustritt aus dem Munde kommen bei normaler Katalepsie nicht vor. Der Zustand eines elektrisierten *Dixippus* gleicht am ersten noch dem eines Tieres in Äthernarkose. Man kann also eher sagen: *Durch den elektrischen Reiz wird die Katalepsie für längere Zeit ausgeschaltet.*

Für die Richtigkeit dieser Annahme spricht auch ein anderes Versuchsergebnis: *Eine ganze Reihe anderer Insekten, bei denen sonst keine kataleptischen Zustände irgendwelcher Art zu beobachten sind, zeigen auf denselben elektrischen Reiz hin dieselbe Reaktion.* So *Calliphora, Musca, Gryllus* und *Acridium*, auch *Necrophorus*. Bei Springheuschrecken trat meist auf den Reiz hin eine Autotomie der beiden Springbeine ein. Es scheint sich hier also um eine bei Insekten allgemein verbreitete Erscheinung zu handeln.

Übrigens ist es bei *Dixippus* ganz ohne Bedeutung, ob das Tier bei Beginn des Versuchs kataleptisch ist oder beweglich. Der Reaktionsverlauf ist in beiden Fällen derselbe. Irgendeine *Schädigung* der Versuchstiere, außer der durch Autotomie der Beine, *ließ sich nicht feststellen,* sowohl Stabheuschrecken wie alle anderen untersuchten Insekten reagierten nach etwa 1 Stunde wieder vollkommen normal. Auch bei über mehrere Wochen ausgedehnten Beobachtungen an elektrisierten Stabheuschrecken zeigten sich keinerlei schädliche Folgen dieser Behandlung.

g) Wärmewirkung.

Daß eine Steigerung der Temperatur über ein gewisses Maß hinaus die Katalepsie aufheben muß, ist eigentlich selbstverständlich. Ich habe die Zusammenhänge hier einmal dadurch näher untersucht, daß ich die Temperatur des Aufenthaltsraumes kataleptischer Tiere künstlich heraufsetzte, dann auch durch Erhöhung der Temperatur des Untergrundes, auf dem sich die Tiere befanden.

Das erstere wurde in der Weise ausgeführt, daß ich das kataleptische Tier in ein geschlossenes Glasgefäß legte und zwar auf ein passend hergerichtetes Gestell aus Fließpapier, so daß es sich etwa in der Mitte des Behälters befand. Direkt neben dem Tier wurde ein Thermometer angebracht, an dem man von außen bequem die Temperatur im Inneren des Gefäßes ablesen konnte. Der Behälter wurde dann in der Nähe einer Gasflamme langsam erwärmt.

Die Tiere, die sich vor Beginn der Versuche in einem Raum von 17—18⁰ C befanden, erwachten bei einer Temperatur von 29—40⁰ (15 Versuche). Sie wurden nach kurzem Schaukeln gleich sehr lebhaft, doch trat schon eine Wärmestarre ein, wenn das Innere des Behälters sich auf 45—48⁰ erwärmte.

Bei den Versuchen mit Erwärmung der Unterlage diente als erwärmbarer Untergrund ein Durchspülungsobjekttisch, wie er in kleinerem Format für Wärmeversuche mit Infusorien verwandt wird. Durch langsames Zugießen von heißem Wasser in das Gefäß, aus dem das warme Wasser durch den Objekttisch geleitet wird, kann man leicht ein gleichmäßiges, langsames Ansteigen der Temperatur erreichen.

Das Erwachen des Versuchstieres auf diesem Objekttisch hängt nicht nur vom Steigen der Temperatur ab, sondern auch von der *Lage des Tieres*. Befindet es sich in der Ruhestellung, und sind die Tarsen dem Untergrund angelegt, so erwacht es bei 35—45⁰. Liegt es dagegen auf dem Rücken, mit angelegten oder nach oben gestreckten Beinen, so wird die Katalepsie erst später aufgehoben, etwa bei 45—50⁰.

Lag ein Tier auf der Bauchseite, so trat häufig bei etwa 40⁰ noch eine andere eigentümliche Erscheinung ein: Nach und nach wurden, ohne daß das Tier die Katalepsie aufgab, die einzelnen Beine von der heißen Unterlage abgehoben und ganz allmählich in die Höhe gestreckt. Auch Kopf und Prothorax wurden etwas aufgerichtet, so daß das Tier schließlich nur noch auf den Coxen des 2. und 3. Beinpaares und auf der Mitte des Abdomens ruhte. Wurde diese Stellung angenommen, so konnte das völlige Erwachen aus der Katalepsie bis zu bedeutend höheren Temperaturgraden hinausgeschoben werden (z. B. 53, 49, 50, 56, 52⁰).

Recht hohe Temperaturen sind erforderlich, um auf eine einzelne Extremität einen wirksamen Reiz auszuüben. Bringt man bei einem kataleptischen *Dixippus* ein heißes Metallstück in die Nähe eines Beines, so führt dieses eine lebhafte Zuckung aus, ohne daß das Tier dabei aus seinem kataleptischen Zustande erwacht. War der Reiz stark genug, so wird die Zuckung nicht allein von der gereizten Extremität vollführt, sondern auch das andere Bein desselben Paares nimmt daran teil.

Um genauere Daten über die hier als Reiz wirksame Temperatur zu erhalten, traf ich folgende Versuchsanordnung: Es wurde ein in horizontaler Lage feststehender Metallstab auf dem einen Ende mit einer Gasflamme erwärmt. Nach etwa einer halben Stunde hatte sich dann von der Flamme bis zum entgegengesetzten Ende des Stabes ein Temperaturgefälle eingestellt, das bei gleichmäßig brennender Flamme so gut wie unverändert blieb. Ich konnte aus diesem Gefälle jeden Temperaturwert als Reiz verwenden, wenn ich das Versuchstier an die betreffende Stelle des Stabes heranbrachte. Mit Hilfe der Stellvorrichtung einer Stativlupe, auf der an Stelle der Lupe ein Objekttisch befestigt war, ließ sich dieses ohne jede Erschütterung erreichen. Wollte ich nun die Temperatur ermitteln, bei der ein bestimmter Reflex eintrat, so wurde genau an die Stelle der gereizten Extremität ein Thermometer gebracht und auf diesem nach einiger Zeit die Temperatur abgelesen. Zur Kontrolle wurde während des Versuches rechts und links von dem für die Versuche benutzten Abschnitt des Metallstabes die Temperatur gemessen und auf ihr Gleichbleiben geachtet. Es zeigte sich, daß die einzelnen Extremitäten erst reagierten, wenn ein Schwellenwert von mindestens 50^0 überschritten wurde; um das andere Bein desselben Paares zum Mitzucken zu bringen, waren etwa 60^0 erforderlich. (Diese Werte ergaben sich aus 20 Versuchen, bei denen sich die Versuchstiere vor Versuchsbeginn in einem Raum von 18^0 C befanden.)

Dies Ergebnis ist neuartig und insofern bemerkenswert, als es zeigt, daß bei völliger Katalepsie, und ohne daß ihr Grad merklich vermindert wird, nicht nur eine gereizte Extremität eine Reaktion ausführt, sondern auch die ihr zugeordnete sich daran beteiligt, ohne daß sich andererseits die Reflexbewegung auf weitere Körperteile des Tieres ausdehnt. Da der Reflex auf das gereizte Beinpaar beschränkt bleibt, so ist es naheliegend, die *Thorakalganglien*, die das betreffende Beinpaar innervieren, als das *Zentrum des hier beschriebenen Reflexbogens* anzusehen. Wenn also bei sonst vollständiger Katalepsie über ein solches Zentrum eine Bewegung der beiden ihm zugeordneten Beine möglich ist, so kann man wohl kaum daran denken, daß von eben diesem Zentrum die Katalepsie bedingt werde, oder daß die Thorakalganglien dabei die hemmende Wirkung auf die Bewegung ausüben, wie dies REISINGER annehmen zu müssen glaubt. Wahrscheinlicher erscheint mir die Erklärung, daß die Thorakalganglien an und für sich mit der Katalepsie nichts zu tun haben, daß sie nur die Erregung dazu weiterleiten, und daß sie beim kataleptischen Tier eine solche Unabhängigkeit von den ihnen übergeordneten Zentren besitzen, daß sie unter den beschriebenen Versuchsbedingungen imstande sind, einen besonderen kleinen Reflexbogen zu schließen. Exstirpationsversuche, die ebenfalls geeignet sind, diese Ansicht zu erhärten, will ich in einem anderen Kapitel beschreiben.

Bei diesen Versuchen wie bei den später zu behandelnden Exstirpationsversuchen sehen wir, daß es möglich ist, experimentell die Katalepsie gewisser Körperteile auszuschalten. Man kann also hier im strengen Sinne der Definition nicht mehr von eigentlicher Katalepsie des Tieres sprechen, weil dann ihre Symptome sich auf das ganze Tier erstrecken müßten. Vielmehr müßte man hier von einer *teilweisen* („*partiellen*") *Katalepsie* sprechen, und da es sich hier nicht um ein teilweises Auftreten der Katalepsie*symptome*, sondern um ihr Auftreten an nur einem *Teil des Körpers* handelt, so will ich diesen Zustand mit „*lokal-partielle Katalepsie*" bezeichnen. Doch soll dies im folgenden der Einfachheit halber, und da ein solcher Zustand sich ja nicht prinzipiell von der totalen Katalepsie unterscheidet, nicht stets besonders hervorgehoben werden.

Auch unter natürlichen Bedingungen dürfte der *Wärmereiz* im Leben der Stabheuschrecken eine Rolle spielen. Schon im Winter beobachtete ich, daß die Stabheuschrecken unruhig wurden, sobald *direktes Sonnenlicht* sie traf, daß sie lebhafte Schaukelbewegungen ausführten und bald trotz des hellen Lichtes anfingen, mit einer ihnen seltenen Beweglichkeit herumzulaufen. Ich vermutete zunächst, daß dies eine Reaktion auf das allzu helle Sonnenlicht sei, und dieselbe Beobachtung hat wohl auch MEISSNER zu der Behauptung veranlaßt, daß direktes Sonnenlicht für *Dixippus* tödlich sei. Prüfte ich jedoch die Temperatur der dem Sonnenlicht ausgesetzten Glasbehälter genauer nach, so ergab sich, daß diese sich sehr schnell auf 30—40⁰ erwärmten, daß der Wärmereiz also allein schon ausreichte, um die Tiere in Bewegung zu setzen. Wurde jedoch die Wärmewirkung des Sonnenlichtes durch Vorschalten eines Wasserfilters eliminiert, so zeigten sie keine Reaktion, selbst nicht bei stundenlanger Belichtung und höchster Intensität. Auch Belichtung mit einer Bogenlampe hatte keinen anderen Erfolg (Reaktionen beim Aus- und Einschalten einer Lampe wurden unter „Lichtwirkung" beschrieben). *Die Reaktion auf direktes Sonnenlicht beruht also nur auf dessen Wärmewirkung.*

h) Wirkung der Kälte.

Die Widerstandsfähigkeit von *Dixippus* gegen tiefe Temperaturen ist unter Berücksichtigung seiner tropischen Heimat geradezu erstaunlich. Z. B. schadete den Tieren ein 12tägiger Aufenthalt in einem Thermostaten bei +3⁰ nicht im geringsten. Freilich waren ihre Lebensäußerungen bei dieser Temperatur sehr herabgesetzt, gefressen wurde gar nicht, sodaß wohl anzunehmen ist, daß die Tiere bei noch längerem Verweilen unter diesen Bedingungen eingegangen wären.

Schon ohne Anwendung einer quantitativen Untersuchungsmethode ist es auffallend, daß Stabheuschrecken im ungeheizten Zimmer eine *größere Neigung zur Katalepsie* zeigen als in der Wärme. Um ein im Kalten gehaltenes Tier aus dem kataleptischen Zustand zu erwecken, bedarf es viel stärkerer mechanischer Reize, als sonst, auch sieht man kaum, daß sich die jüngeren Larvenstadien unter diesen Bedingungen am Tage bewegen. Experimentell gelingt es nun, durch tiefe Temperatur die Dauer der Akinese ganz bedeutend heraufzusetzen. Ja, bei Temperaturen unter +3⁰ kann man ein Erwachen für längere Zeit gänzlich verhindern. So behielt bei +3⁰ einmal ein Tier 31 Stunden die Schutzstellung bei.

Doch kann die Kälte nicht als ein Faktor angesehen werden, der die Katalepsie *auslöst*, sie kann vielmehr nur den bestehenden kataleptischen Zustand *verlängern*. Tiere, die in beweglichem Zustand in eine Temperatur von 3⁰ gebracht werden, stellen zwar bald alle schnelleren Bewegungen ein, zeigen aber bei näherer Untersuchung, z. B. durch Biegen der Beine, keine ausgesprochene Katalepsie. Sie führen vielmehr auf mechanische Reize hin ganz matte Bewegungen aus und zeigen also lediglich die Erscheinungen der bei Insekten ganz allgemein verbreiteten *Kältestarre*.

Auch wenn man ein in Schutzstellung befindliches Tier durch Kälte in längerer Akinese halten will, bedarf es noch besonderer Vorsichtsmaßregeln. Bringt man nämlich das Tier mit dem Hineinsetzen in den kalten Raum gleichzeitig in Dunkelheit, wie es z. B. geschieht, wenn man es in einen Thermostaten legt und dessen Tür schließt, so wirkt der Reiz des plötzlichen Überganges von Hell zu Dunkel zunächst noch stärker als der Reiz der Kälte, und das Tier erwacht. Zum Ziele kommt man nur, wenn man den Lichtreiz nicht sofort wegfallen läßt, sondern dafür sorgt, daß er nach Einbringen des Tieres in den kalten Raum noch mindestens $^1/_2$ Stunde auf dieses einwirkt. Aber auch dann gelingt der Versuch nur in einem Teil der Fälle.

Bei einer Versuchsserie, deren Ergebnisse ich hier genauer angeben will, wurden die Tiere bei Tage in einen für eine Kältemischung eingerichteten Eisschrank gebracht, in dem sich die Temperatur zwischen den Grenzen von —1 und +1⁰ halten ließ. Als Decke für diesen diente eine Glasplatte, die es einmal ermöglichte, die Tiere ohne Öffnen des Schrankes zu beobachten, und ferner auch die Versuchstiere dem täglichen Lichtwechsel aussetzte. Sie wurden dreimal 24 Stunden in diesem Raum gehalten, oder wenn sie schon früher erwachten, nach dem ersten Ortswechsel daraus entfernt. Um zu verhindern, daß sich die Stabheuschrecken beim Erwachen gegenseitig störten, wurden nur jeweils drei Exemplare gleichzeitig in den Kälteschrank gebracht (Tabelle 4).

Zu diesen Versuchen ist noch näher zu sagen, daß die Tiere auch bei 3tägigem Verharren in Schutzstellung sich doch nicht völlig wie Tiere unter normalen Temperaturbedingungen verhalten, sondern ihr Zustand sich dem der Kältestarre nähert. Die Beine sind nicht so fest an den Körper gelegt, sondern zuweilen in den Femur-Tibial-Gelenken etwas gekrümmt, die ganze Körperhaltung ist etwas loser, gelockerter, der Muskeltonus scheint gegenüber dem bei normaler Schutzstellung etwas herabgesetzt zu sein. Sucht man ein Tier aus diesem Zustand zu erwecken, so gelingt dies zwar, doch sind die Bewegungen (wenn man es vermeidet, das Insekt mit der warmen Hand zu berühren) recht schwach und langsam.

Bringt man ein Tier, das nach 3tägigem Aufenthalt im Kälteschrank die Schutzstellung beibehalten hat, bei Tage wieder in normale Zimmertemperatur, so werden nach 1—2 Stunden die gelockerten Beine wieder nach und nach fest an den Körper gezogen, der Muskeltonus erreicht

Tabelle 4.

	Beginn des Versuches	1. Tag. (Tag = 24 Std.)	2. Tag	3. Tag
1.	9.15 Uhr	Ein Tier um 22.15 Uhr beweglich geworden, wird entfernt. Die beiden anderen in Schutzstellung.	Beide Tiere in Schutzstellung, keine Lageänderung	14 Uhr: Ein Tier hat sich in seiner Längsachse um 90° gedreht, liegt aber an derselben Stelle. Beide Tiere bis 10 Uhr in Schutzstellung.
2.	8.00 Uhr	Alle 3 Tiere werden in der ersten Nacht beweglich, zwischen 1 und 6 Uhr. (Keine Temperaturschwankung.)		
3.	6.30 Uhr	Tiere in Schutzstellung, keine Lageveränderung	Ein Tier hat die Beine so weit vom Körper entfernt, daß eine Schutzstellung kaum noch angedeutet ist. Die beiden anderen in Schutzstellung.	Dasselbe Tier tot. Die beiden anderen in Schutzstellung. Beendigung des Versuches: 7 Uhr.
4.	7.00 Uhr	2 Tiere erwachen am ersten Abend (19.30 Uhr). Dafür 2 andere hineingelegt, von diesen erwacht eins nach ungefähr 2 Stunden, wird entfernt.	Beide Tiere in Schutzstellung.	Das am 1. Tage um 19.30 Uhr hinzugesetzte Tier ist erwacht und wird entfernt. Das andere in Schutzstellung. Beendigung des Versuches: 8.15 Uhr.
5.	6.30 Uhr	Ein Tier in der ersten Nacht erwacht, wird entfernt.	Beide Tiere in Schutzstellung. Temperatur einmal auf − 2° gesunken (4.00 Uhr).	Ein Tier hat die Beine nicht mehr angelegt. Das andere in ausgesprochener Schutzstellung. Versuch bis 6.30 Uhr.
6.	7.00 Uhr	Tiere in Schutzstellung, Beine ganz leicht gekrümmt.	Ebenso. Bei einem Tier die Beine stärker gekrümmt.	Ein Tier erwacht zwischen 18 und 19 Uhr, wird entfernt. Die beiden anderen am Morgen in angenäherter Schutzstellung. Versuch bis 7.00 Uhr.

wieder die normale Höhe. *Das Tier behält also die Schutzstellung weiter bei.*

Die Akinese unter Einfluß niedriger Temperatur zeigt also teils Symptome der Katalepsie, teils solche der Kältestarre.

Ist nun die *Kältestarre* eine besondere Modifikation der Katalepsie oder ist sie eine von dieser zu trennende Erscheinung? Der Sachverhalt ist hier aller Wahrscheinlichkeit nach folgender: Der kataleptische Zustand kann unter geeigneten Bedingungen unmittelbar in den der Kältestarre übergehen, und umgekehrt die Kältestarre unmittelbar in die Katalepsie. Die Kältestarre kann aber nicht als der Katalepsie identisch angesehen werden. Als Unterschied gegenüber der eigentlichen Katalepsie können, wie schon besprochen, geringerer Muskeltonus und viel stärker herabgesetzte Erregbarkeit durch mechanische Reize gelten. Direkt von einer Aufhebung der Katalepsie kann aber deshalb wohl kaum die Rede sein. Man könnte sich vielmehr vorstellen, daß die *innere Stimmung zur Katalepsie*, also die entsprechenden Vorgänge im Zentralnervensystem, auch während der Akineseverlängerung in der Kälte erhalten bleiben, daß diese nur durch die gleichzeitig auftretenden Erscheinungen der Kältestarre *in ihrer Auswirkung überdeckt* werden und so nicht völlig in Erscheinung treten können. Dafür spricht auch der Umstand, daß bei nicht allzu tiefer Temperatur, etwa bei $+3^0$ bis $+5^0$, eine beträchtliche Verstärkung der Ausprägung aller Katalepsiesymptome und Verlängerung des kataleptischen Zustandes eintritt, ohne daß sich die Erscheinungen der Kältestarre bemerkbar machen.

Die *Kältestarre* ist unter den angeführten Bedingungen bei den Insekten, soweit sie derartig niedrige Temperaturen überhaupt ertragen können, ganz allgemein verbreitet. Also auch bei Formen, die in keiner Weise kataleptische oder ähnliche Zustände zeigen. Stets ist sie mit völliger Akinese und stark herabgesetzter oder ganz fehlender Reizerregbarkeit verbunden. Wenn bei den Stabheuschrecken diese Erscheinung auch auftritt, so mag das als selbstverständlich erscheinen. Erwähnenswert ist hier nur, daß durch die *Verbindung dieses Zustandes mit der Katalepsie* das Tier weit besser imstande ist, eine Kälteperiode zu überdauern. Denn dieses Hinzutreten der Katalepsie zu der Kältestarre hat für das Tier den Vorteil, daß schon bei Temperaturen, die noch nicht eine Kältestarre bedingen, die aber die Aktivität schon so hemmen, daß eine Nahrungsaufnahme nicht möglich ist, der Stoffwechsel herabgesetzt wird. Versuche von v. BUDDENBROCK haben ja gezeigt, daß bei *Dixippus* während des kataleptischen Zustandes die Muskulatur sich in einem Zustand befindet, wie wir ihn von den „Tonusmuskeln" anderer Tiere kennen, für die ja ein außerordentlich geringer Energieverbrauch charakteristisch ist.

Endgültig zu entscheiden, ob die Katalepsie während der Kältestarre

weiterbesteht oder während dieser aufgehoben ist, sind wir nicht in der
Lage. Doch sprechen die hier mitgeteilten Tatsachen (Katalepsie vor
Eintritt und nach Aufhören der Kältestarre, ausgesprochene Katalepsie
bei Temperaturen, deren Tiefe noch nicht ganz ausreicht, eine Kälte-
starre hervorzurufen, deutliche Verlängerung der Katalepsie durch tiefe
Temperaturen) sehr für die Realisierung der ersteren Möglichkeit.

Ob zwischen einer durch Kälte hervorgerufenen Akinese und hypnotischen Erscheinungen bei Insekten allgemein nähere Beziehungen bestehen, ist noch nicht Gegenstand einer näheren Untersuchung gewesen.
Doch finden sich in der Literatur Angaben, die auf ähnliche Verhältnisse
bei anderen Arten hindeuten, so eine Beobachtung HOFFMANNs über
Hypnoseverlängerung durch tiefe Temperatur bei der Küchenschabe
und von HOLMES bei der Stabwanze. Auch WEYRAUCH machte ähnliche
Beobachtungen an *Forficula*, BLEICH an *Silpha*. Es soll auf diese Zusammenhänge im Schlußteil dieser Arbeit noch näher eingegangen
werden.

Es ergibt sich aus diesem auf Grund experimenteller Daten gewonnenen
Überblick über das Verhalten von *Dixippus* bei tiefer Temperatur die Möglichkeit, daß *Dixippus* unter bestimmten Bedingungen imstande wäre, ökologisch
gesprochen, eine Art von „*Winterschlaf*" zu halten. Ob dieses im Freien bei den
Stabheuschrecken wirklich eintritt, darüber habe ich in der Literatur Angaben
nicht gefunden. Denkbar wäre es aber. Wenn auch in unseren Breiten an eine
Freilandzucht von *Dixippus* nicht zu denken ist, da hier die winterliche Kälte
zu groß und anhaltend ist (1 Stunde Aufenthalt bei einer Temperatur von —3⁰ C
wird von den Tieren überstanden, 4 Stunden unter denselben Bedingungen haben
den Tod der Tiere zur Folge), so könnte *Dixippus* doch ganz gut kürzere winterliche Kälteperioden, wie sie etwa in den kälteren Gegenden der Mittelmeerländer
vorkommen, in Katalepsie oder Kältestarre überdauern. Dies mag auch in bestimmten Regionen seiner indischen Heimat verwirklicht sein, läßt sich aber
nicht näher vermuten, da genauere Angaben über die Verbreitung dieser Stabheuschrecke fehlen. Doch gibt es in ihrem Hauptverbreitungsgebiet, Vorder-
indien, sicher nicht derartige Kälteperioden, die eine Winterruhe bedingen.
(Fundort nach BRUNNER u. REDTENBACHER: Indische Provinz Madura, die ein
ausgesprochen tropisches Klima hat.) Bei den Stabheuschrecken dieser Gegend
und auch bei denen, die in Europa unsere Terrarien bevölkern, kann daher die
Fähigkeit zu jener eigentümlichen Verbindung von Katalepsie und Kältestarre
eine Eigenschaft ohne jede ökologische Bedeutung sein; doch könnte man auch
die Fähigkeit zum Winterschlaf als eine Art *phylogenetischer Reminiszenz* auffassen, sei es aus jüngerer oder älterer Vergangenheit. Es ist ja denkbar, daß die
Fähigkeit zum Winterschlaf früher einmal bei den Stabheuschrecken eine Rolle
gespielt hat, die sie jetzt verloren hat, sei es, daß die Tiere, durch irgendeinen
Biozönosewechsel gezwungen, früher von ihnen besiedelte kältere Gegenden verlassen haben, oder daß bei dem für große Teile der Erde nachgewiesenen Klima-
wechsel[1] ihr jetziges Wohngebiet einmal eine Zeit gekannt hat, die eine nur durch
einen Winterschlaf zu überdauernde jährliche Kälteperiode aufwies.

---

[1] Über Klimaschwankungen in früheren geologischen Zeitaltern sind für
Indien und Asien überhaupt noch keine so gründlichen Untersuchungen durchgeführt worden, wie sie für Europa und Amerika vorliegen. Sicher nachgewiesen

i) Chemische Reize.

Bei der Beobachtung der abendlichen Aufhebung der Katalepsie bei den Stabheuschrecken fiel es mir auf, daß von einer größeren Zahl von Tieren am Abend meistens diejenigen zuerst zur Bewegung und zum Fressen übergingen, die *direkt auf Efeublättern* saßen, während sich die Tiere, die sich an der Glaswand ihres Behälters festgesetzt hatten, etwas mehr Zeit ließen. Um diese Beobachtung auf ihre Stichhaltigkeit zu prüfen, und um zu erfahren, was für ein Zusammenhang hier vorliegt, führte ich mehrere Versuchsserien durch, deren Anordnung und Ergebnisse hier behandelt seien.

Es wurden 8 Tiere isoliert und am Abend 4 von ihnen auf Efeublätter gelegt, die anderen 4 auf Fließpapier. Es wurde dann genau notiert, wann jedes Tier bei zunehmender Dunkelheit erwachte. Die Beobachtung dauerte von 18—20, bzw. 20.30 Uhr. Nach Beendigung des Versuchs wurden alle Tiere gefüttert. Die Unterlagen der Versuchstiere wurden von Tag zu Tag gewechselt, d. h. die Tiere, die an einem Abend auf Blätter gelegt wurden, wurden am nächsten auf Fließpapier gelegt, usw. Dies geschah, um einen Einfluß individueller Verschiedenheiten auf das Versuchsergebnis auszuschalten. Versuche an 14 Abenden in der Zeit vom 22. IV. bis 8. V. hatten folgendes Ergebnis:

Es erwachte von allen acht Tieren

	ein auf Blättern liegendes Tier	ein auf Fließpapier liegendes Tier
an 1. Stelle	an 12 Tagen	an 2 Tagen
„ 2. „	„ 11 „	„ 3 „
„ 3. „	„ 8 „	„ 6 „
„ 4. „	„ 8 „	„ 6 „
„ 5. „	„ 7 „	„ 7 „

Diese Versuche wurden dann in etwas abgeänderter Form wiederholt, und zwar wurden die Tiere schon am Vormittag in Gläser getan, die entweder mit Efeublättern versehen oder leer waren. Sonst blieb die Behandlung der Tiere wie in der ersten Versuchsserie. Es wurden 16 Tiere an 10 Tagen beobachtet. Von diesen erwachte

	ein Tier in einem Gefäß			ein Tier in einem Gefäß	
	mit Blättern	ohne Blätter		mit Blättern	ohne Blätter
an 1. Stelle	an 7 Tagen	an 3 Tagen	an 6. Stelle	an 8 Tagen	an 2 Tagen
„ 2. „	„ 5 „	„ 5 „	„ 7. „	„ 7 „	„ 3 „
„ 3. „	„ 7 „	„ 3 „	„ 8. „	„ 5 „	„ 5 „
„ 4. „	„ 4 „	„ 6 „	„ 9. „	„ 4 „	„ 6 „
„ 5. „	„ 4 „	„ 6 „	„ 10. „	„ 1 Tag	„ 9 „

ist für Indien nur eine Eiszeit im Perm, die aber mit unserer Frage schon deshalb wohl in keinen Zusammenhang gebracht werden kann, weil während einer solchen Zeit aus dem betreffenden Gebiet alles Insektenleben so gut wie restlos verschwunden sein müßte.

Von KÖPPEN und WEGENER sind nun nicht für Indien speziell, sondern für Asien allgemein für eine bestimmte Zeit des Quartärs eine Temperaturherabsetzung und eine bedeutend tiefere Lage der Schneegrenze angegeben, und zwar läßt sich diese Kälteperiode mit der mitteleuropäischen Würmeiszeit in eine Parallele bringen. Möglicherweise mag sich diese Klimaänderung auch in Indien bemerkbar gemacht haben und der Winterschlaf unserer Stabheuschrecken mit ihr in Beziehung stehen.

Die beiden Versuchsserien zeigen deutlich, daß Efeublätter auf *Dixippus* einen Reiz ausüben, der die Aufhebung der Katalepsie fördert. Noch deutlicher tritt dies hervor, wenn wir das Versuchsergebnis in etwas anderer Form darstellen:

Es erwachten

	Tiere mit Blättern	Tiere ohne Blätter
an 1. und 2. Stelle	12	8
„ 3. „ 4. „	11	9
„ 5. „ 6. „	12	8
„ 7. „ 8. „	12	8
„ 9. „ 10. „	5	15

Bei *hungernden* Stabheuschrecken war diese Reaktion auf den von den Futterblättern ausgehenden Reiz noch viel augenfälliger. Wenn ich Tiere, die ich 2 Tage lang ohne Futter gehalten hatte, auf frische Efeublätter legte, so gingen sie oft auch am Tage zur Bewegung und zum Fressen über. Wie wir gesehen haben, ist starker Hunger schon allein ein Reiz, der manchmal zur Aufhebung der Katalepsie am Tage ausreicht. Doch zeigte sich, daß dieses Erwachen bei hungernden Tieren besonders häufig dann eintrat (in zwei Versuchsserien, bei denen ich die Tiere ständig beobachtete, ausschließlich dann), wenn die Tiere sich *in der Nähe von Futterblättern* befanden (was, wie gesagt, bei regelmäßig gefütterten Tieren nicht eintritt).

So erwachten von 8 Tieren, die nach 2tägigem Hungern auf Efeublätter gelegt wurden, in der Zeit von 13—16 Uhr einmal 3, ein anderes Mal 4 (4. und 6. III.), während von einer gleichen Anzahl von Kontrolltieren, die vorher ebenso gehalten wurden wie die Versuchstiere, dann aber nur auf Fließpapier gelegt wurden, keines eine Ortsbewegung zeigte.

Eine derartige Beobachtung machte schon MEISSNER: „Wenn sie Hunger haben oder trockenes oder wenig zusagendes Futter, so beginnen einige oft am hellen Tage, sofort nach Darreichung frischen Futters, zu fressen, wobei aber die Mahlzeiten kleiner als sonst ausfallen".

Doch konnte ich ein solches Erwachen der Tiere nur bei trübem Winterwetter beobachten, bei mehrmaliger Wiederholung des Versuchs im Sommer erwachten auch die hungrigen Tiere nicht, ein Ergebnis, das sich nur dadurch erklären läßt, daß im Sommer die Lichtintensität groß genug ist, um ein Erwachen der Versuchstiere auch unter diesen Bedingungen zu verhindern.

Es galt nun festzustellen, welcher Art die von den Efeublättern ausgehenden Reize sind und wie sie von den Stabheuschrecken perzipiert werden. Außer an *Reize chemischer Art* konnte auch an *Tastreize* gedacht werden.

Um zu prüfen, ob *chemische Reize* die Hauptrolle spielen, wurden zwei Wege eingeschlagen:

Einmal wurde das Verhalten der Tiere untersucht, wenn diese sich nur *in der Nähe, nicht aber in Kontakt* mit den Futterblättern befanden, wodurch eine Mitwirkung der Tastempfindungen ausgeschaltet wurde. Zweitens wurde untersucht, wie sich die Tiere nach *Entfernung der Geruchsorgane*, also in erster Linie der Antennen, verhalten.

Die erstere Untersuchung führte ich in folgender Weise aus: Es wurden normale, in Schutzstellung befindliche Tiere in die Nähe von Blättern gebracht, aber nicht wie bei den ersten Versuchen daraufgelegt, sondern auf Fließpapier liegend mit dem Vorderteil des Körpers dem Futter nur so weit genähert, daß die Entfernung der Vorderbeintarsen vom zunächstliegenden Blatt etwa 0,5 cm betrug. Als Reizquelle diente nicht nur je ein einzelnes Blatt, sondern ein Gemenge von *Tradescantia*, Efeu, Rosen, Haselnuß und Girsch, das ich zu einem kleinen Haufen auftürmte, um dem davon ausgehenden Reiz eine möglichst hohe Stärke zu geben. Um diesen Futterhaufen herum wurden die Versuchstiere angeordnet. Zum Vergleich dienten Tiere, die nur auf Fließpapier gelegt wurden, ohne Futter in ihrer Nähe. Das Ergebnis 8 solcher Versuche mit je 10 Tieren war:

Es erwachen von

	Tieren mit Futter	Tieren ohne Futter
an 1. Stelle	5	3
„ 2. „	6	2
„ 3. „	7	1
„ 4. „	6	2
„ 5. „	3	5
„ 1.—5. Stelle	27	13

Das Ergebnis dieser Versuchsserie zeigt, daß auch ohne direkte Berührung ein katalepsieaufhebender Einfluß von den Blättern auf die Stabheuschrecken ausgeübt wird[1]. Es kann sich also nur um einen *chemischen Reiz handeln*.

Zu einer genaueren Prüfung dieses Ergebnisses wurden 10 Tieren die Antennen, die ja bei Insekten als Rezeptoren von Geruchsreizen in erster Linie in Frage kommen, an der Ansatzstelle des Basalgliedes abgeschnitten. Die so operierten Tiere wurden dann (1 Tag nach der Operation) auf Efeublätter gelegt und am Abend beobachtet, während 10 nicht operierte Tiere, sonst den gleichen Bedingungen ausgesetzt, als Kontrolltiere dienten. Der Zeitpunkt des Erwachens wurde für Versuchs- und Kontrolltiere genau notiert. Es zeigte sich, daß zwischen beiden Gruppen hinsichtlich des Überganges zur Bewegung kein merklicher Unterschied besteht. Dies sieht man aus den für fünf derartige Beobachtungen an verschiedenen Tagen für die Zeit des Erwachens berechneten Mittelwerten:

---

[1] Bei der Versuchsserie mit direkt auf Efeublättern liegenden Tieren könnte man den Einwand machen, daß die Tiere eine verschiedene Helligkeitsempfindung hätten, da ja die dunklen Efeublätter das Licht anders reflektieren, als weißes Fließpapier, daß die Versuchstiere also nur auf verschiedene Helligkeit reagierten. Auch dieser Einwand wird durch die letzte Versuchsserie ausgeschaltet.

Mittelwert für Tiere mit Antennen   18.39,   19.41,   19.20,   19.31,   19.36 Uhr
   „   „   „   ohne Antennen   18.56,   19.38,   19.22,   19.33,   19.25 „
Berechnet für die zuerst erwachenden   8   7   10   9   7   Tiere
   von jeder Gruppe.

(Ständige Beobachtung der Tiere von 18—20.30 Uhr. Es wurden nur diejenigen Tiere im Resultat der Beobachtung berücksichtigt, die bis zu deren Beendigung erwacht waren.)

Der hieraus errechnete Gesamtmittelwert: 19.21 Uhr für Tiere mit Antennen,
19.23 Uhr für Tiere ohne Antennen, zeigt eine geradezu auffallende Übereinstimmung.

Doch verhalten sich die antennenlosen Tiere nach dem Erwachen etwas
anders als die normalen. Während letztere meist gleich nach dem Erwachen zum
Fressen übergehen, das Blatt, auf dem sie liegen, meist gar nicht erst verlassen,
beachten die antennenlosen dieses Blatt gar nicht, sondern laufen meistens eine
verhältnismäßig lange Zeit umher, ehe sie zur Ruhe kommen. Und wenn sie sich
endlich zum Fressen an einem Blatt anschicken, so fällt es ihnen offensichtlich
schwer, eine Angriffsstelle für ihre Mandibeln zu finden. Die Stabheuschrecken
können nämlich mit dem Fressen an einem Blatt nur von dessen Rand aus beginnen, aus der Blattfläche Stücke herauszuschneiden ist ihnen nicht möglich.
Die normalen Tiere finden den Blattrand, indem sie das Blatt lebhaft mit den
Antennen abtasten. Beim Fehlen der Antennen ist das Tier anscheinend nur auf
eine Orientierung durch Abtasten mit Vorderbeinen und Mundgliedmaßen ange-
wiesen und kann den Blattrand nur schwer finden. Oft fährt es bei seinen Tast-
bewegungen über den Blattrand hinaus und erreicht diesen mit den Mandibeln
erst nach vielen vergeblichen Versuchen. Trotzdem scheint die Vitalität der
Tiere bei reichlich vorhandenem Futter durch das Fehlen der Antennen nicht
wesentlich beeinträchtigt zu sein.

Wenn die letzte Versuchsserie auch die Frage nach der Lokalisation
der Rezeptoren für den von den Blättern ausgehenden Reiz offen läßt,
so wissen wir doch aus der vorhergehenden, daß dieser Reiz nur *chemischer* Art sein kann. Seine Rezeption ist also *nicht auf die Antennen
beschränkt.* Es mußten also noch weitere Organe auf ihr Mitwirken bei
der Perzeption des Reizes untersucht werden. Am nächstliegenden war
die Vermutung, daß vielleicht die *Tarsen der Vorderbeine*, die sich bei
Lepidopteren und Dipteren als chemisch reizbar erwiesen haben, auch
bei den Stabheuschrecken eine ähnliche Rolle spielen.

Es wurden also zu einem weiteren Versuch 16 Tiere *Antennen und
Vorderbeintarsen* amputiert, 8 von ihnen wurden wie bei der vorhergehenden Versuchsserie neben einen Futterhaufen gelegt, die anderen 8
nur auf Fließpapier. Die einzelnen Tiere wurden stets erst 24 Stunden
nach der Operation zu den Versuchen benutzt. Entsprechend den operierten Tieren wurden je 8 normale Tiere denselben Versuchsbedingungen
unterworfen und gleichzeitig mit den Tieren ohne Antennen und Tarsen
auf den Zeitpunkt ihres Erwachens hin beobachtet.

Bei den operierten Tieren wurde außerdem täglich festgestellt, ob sie gefressen
hatten. Es zeigte sich, daß in den ersten Nächten nur wenige der Tiere fraßen.
Einige von denen, die überhaupt keine Nahrung zu sich nahmen, zeigten nach
3 Tagen deutliche Anzeichen von Ermattung, so daß sie nicht mehr zu den Ver-

suchen verwandt werden konnten. Sie wurden durch andere ebenso operierte Tiere ersetzt. Nach etwa einer Woche fraßen alle operierten Tiere, wenn auch nicht in jeder Nacht. Zur Ausschaltung individueller Verschiedenheiten wurden auch hier die Tiere für den Versuch mit Futter und für den ohne Futter von Mal zu Mal gewechselt.

Abb. 16 zeigt das Ergebnis für Beobachtungen an 10 Tagen.

Wir sehen, daß eine Beeinflussung durch chemische Reize bei Tieren ohne Antennen und Tarsen nicht mehr festzustellen ist. Die Kurve für

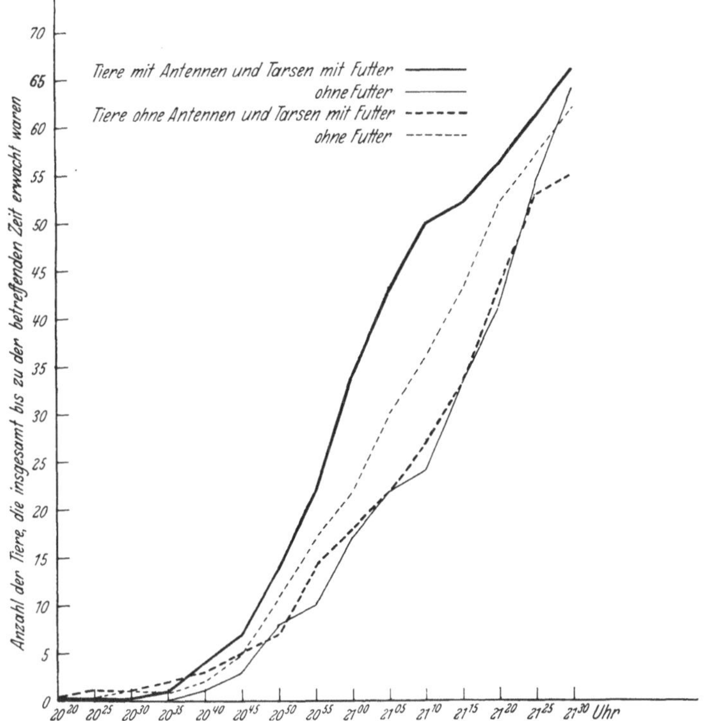

Abb. 16. Gesamtresultat von 10 Beobachtungen an verschiedenen Tagen an 16 Stabheuschrecken (*Dixippus*) ohne Tarsen und Fühler und 16 normalen Kontrolltieren. Versuchsbeschreibung im Text.

die operierten Tiere mit Futter stimmt mit der für normale Tiere ohne Futter fast völlig überein. Doch zeigt die Kurve für operierte Tiere ohne Futter, daß hier eine gewisse Schwankung im Eintritt des abendlichen Erwachens möglich ist.

Es spielen also auch chemische Reize bei den Zustandsänderungen der Stabheuschrecken eine Rolle. Daß außer den von den Nährpflanzen ausgehenden noch andere chemische Reize, soweit sie nicht gleichzeitig narkotisierend wirken, auf das Verhalten dieser Tiere einen Einfluß haben (z. B. Nelkenöl), konnte ich nicht beobachten. Der Frage nach dem *Ort der Perzeption* chemischer Reize bei den Stabheuschrecken weiter

nachzugehen, dürfte schwierig sein, da sich bei der ungeheueren Trägheit
dieser Tiere irgendwelche Dressurversuche kaum durchführen lassen,

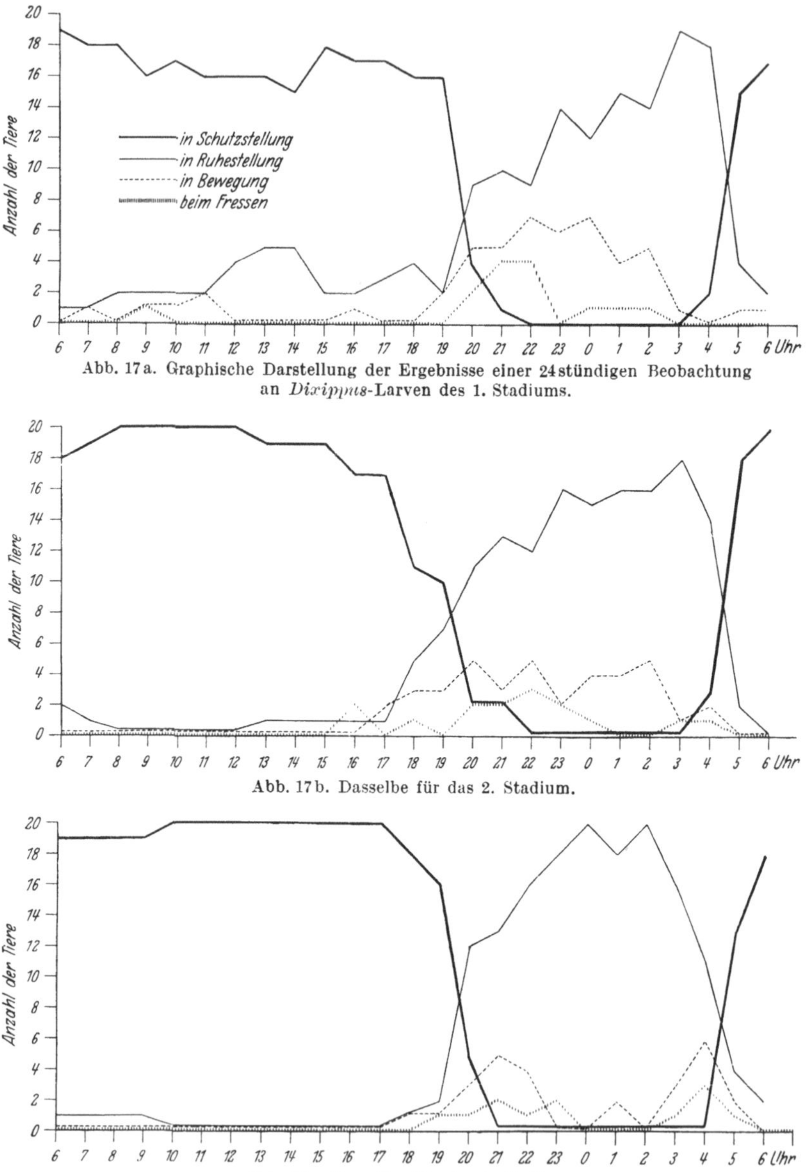

Abb. 17a. Graphische Darstellung der Ergebnisse einer 24stündigen Beobachtung
an *Dixippus*-Larven des 1. Stadiums.

Abb. 17b. Dasselbe für das 2. Stadium.

Abb. 17c. Dasselbe für das 3. Stadium.

und man auf dem Umweg über die Katalepsie doch nur ein für eine
exakte Lösung dieser Frage zu verschwommenes Bild erhält.

HOFFMANN gibt an, daß auch bei der Küchenschabe chemische Reize „die Hypnose begünstigen oder stören können". Ins einzelne gehende Untersuchungen über diesen Gegenstand sind in seiner Arbeit jedoch nicht erwähnt.

k) Alter und Katalepsie.

Schon den ersten Züchtern von *Dixippus* fiel es auf, daß die ersten Larvenstadien erheblich beweglicher sind als die Imagines. So sagt MEISSNER, der wohl die ersten Angaben darüber macht: „Bemerkenswert erscheint mir, daß die Larven vor der ersten Häutung so gut wie gar nicht, bis zur dritten Häutung nur selten, dann aber immer häufiger bei Gefahrverdacht diese ihre Schutzstellung annehmen. Freilich sind sie überhaupt anfangs viel lebhafter als später, mindestens tagsüber". Bis auf den „Gefahrverdacht" fand ich diese Angabe, jedenfalls im großen und ganzen, bestätigt; im einzelnen allerdings zeigten sich Abweichungen. Es muß nämlich hinzugefügt werden, daß auch die ersten Larvenstadien schon *bald nach dem Schlüpfen die Schutzstellung annehmen* und darin oft schon für viele Stunden, ja wenn man jeden Reiz von ihnen fernhält, sogar während eines ganzen Tages verharren können. Von der Wirkung des Lichtes zeigen sie eine viel größere Unabhängigkeit als ältere Larven oder Imagines. Fressen bei Tageslicht ist gar nicht allzu selten. Auch ist die Empfindlichkeit gegen Reize, welche die Katalepsie aufheben, erheblich größer als bei älteren Tieren. Wenn man jedoch alle äußeren Reize sorgfältig ausschaltet, so weicht das Verhalten der jüngsten Larven von dem

Abb. 18. Larve von *Dixippus*, 1. Stadium, in spontaner Katalepsie aufgehoben und auf Papier gelegt. Ungefähr natürliche Größe.

der Imagines doch nicht derartig ab, wie dies MEISSNER angibt.

Zur schnelleren Übersicht seien die Resultate einer 24stündigen Beobachtung von 1—3 Tage alten Larven in graphischer Darstellung beigegeben (Abb. 17a). Abb. 17b und Abb. 17c zeigen dasselbe für das 2. und 3. Larvenstadium.

Der Unterschied des Verhaltens der Tiere am Tage und in der Nacht ist bei den 1. Larvenstadien noch nicht so völlig durchgeführt, wie bei älteren Tieren, aber immerhin schon deutlich bemerkbar. Wenn auch Bewegung am Tage ohne besonderen Reiz dazu nicht selten vorkommt, so zeigt andererseits das häufige Annehmen der Schutzstellung, die in der Nacht nicht zu beobachten ist, daß ein Einfluß des Lichtes bestimmt schon vorliegt. *Schon das 3. Larvenstadium verhält sich gegenüber dem Lichtreiz so wie die Imagines.* Schutzstellung am Tage ist bei ihm die Regel. Freilich ist auch bei diesem Stadium die Reaktionsbereitschaft gegenüber katalepsieaufhebenden Reizen und die Dauer künstlich hervorgerufener Bewegungsperioden noch weit größer als bei erwachsenen Tieren. Während es bei Imagines an sonnenhellen Tagen manchmal fast nicht möglich ist, die Tiere durch mechanische Reize so weit zu bringen, daß sie sich überhaupt etwas weiterbewegen, so genügt bei Larven bis zum 4. Stadium schon ein einmaliges Kneifen eines Beines, oft auch ein leises Anstoßen, um das Tier zu minutenlanger Bewegung zu veranlassen. Auch eine gar nicht allzu starke Erschütterung des Zuchtbehälters bringt die Larven in große Erregung.

Auch quantitativ ließ sich diese Verschiedenheit erfassen. Versuche dazu führte ich in der Weise aus, daß ich jeweils das Versuchstier durch Festhalten am Abdomen in größte Mobilität versetzte und dann freiließ, worauf dann die Dauer der Bewegung mit der Stoppuhr festgestellt und mit Hilfe eines Lineals die Strecke des Weges abgeschätzt wurde die das Tier zurücklegte. Die Versuche wurden an einem Tage ausgeführt, in der Zeit von 10—14.30 Uhr (Tabelle 5).

Der Unterschied in der zurückgelegten Wegstrecke ist bereits aus der absoluten Maßangabe zu erkennen, wird jedoch noch deutlicher, wenn man die Strecke des zurückgelegten Weges in ihrem Verhältnis zur Länge des Versuchstieres angibt, wie dies in der Tabelle geschehen ist. Auch dieser Versuch bestätigt also, daß *die Neigung zur Katalepsie mit dem Alter wächst.*

l) Lokalisation des Katalepsiezentrums.

Die Frage nach dem nervösen Zentrum der ganzen Erscheinung ist sowohl von SCHMIDT und SCHLEIP, wie in neuerer Zeit von REISINGER behandelt worden. Wenn auch die Resultate dieser Autoren recht gegensätzlich sind, so stimmen sie doch darin überein, daß es sich bei der Katalepsie um eine vom Zentralnervensystem regulierte Erscheinung handelt.

SCHLEIP zerstörte mit einer gekrümmten Nadel das Oberschlundganglion, was völligen Ausfall der Katalepsie zur Folge hatte. Nur bei einem Versuchstier traten 19 Tage nach der Operation an 3 Tagen wieder Katalepsiesymptome auf, doch konnte bei diesem Tier nicht mehr nachgeprüft werden, ob die Zerstörung des Oberschlundganglions eine vollständige war.

SCHMIDT untersuchte diese Zusammenhänge in der Weise, daß er die Versuchstiere zwischen dem 1. und 2. Beinpaar durchschnitt und dann die beiden völlig voneinander getrennten Teile auf ihre Fähigkeit zur Katalepsie untersuchte. Er stellte fest, daß *nur das vordere Stück* in der Lage war, den kataleptischen Zustand einzugehen, das Hinterstück dagegen nicht mehr.

Die Versuche beider Autoren zeigen also, daß die Katalepsie durch eine von den Kopfganglien ausgehende Nervenerregung entsteht. „Diese spezifische Art Nervenerregung wird durch uns unbekannte innere Prozesse an den Zentralorganen des Nervensystems hervorgerufen und wird sodann durch Vermittlung der Leitungsbahnen des Bauchnervenstranges auf das ganze Nervensystem (wahrscheinlich mit Ausnahme des sympathischen) übergeleitet." „Bei Läsion des Zusammenhanges der Zen-

Tabelle 5. Larvenstadien. R.L. = Relative Länge des Weges.

L. 1.			L. 2.			L. 3.			L. 4.			Imagines		
Sek.	cm	R.L.	Sek.	cm	R.L.	Sek.	cm	R.L.	Sek.	cm	R.L.	Sek.	cm	R.L.
6	4	2,7	23	20	9,1	20	22	7,6	12	20	5,3	2	4	0,5
41	12	8	35	26	11,8	32	30	10,3	18	24	6,3	5	4	0,5
54	26	17,3	19	16	7,3	12	13	4,4	31	29	7,6	11	13	1,6
14	9	6	35	26	11,8	6	8	2,8	4	7	1,8	1	0	0
36	18	12	14	11	5	13	11	3,8	12	16	4,2	3	2	0,3
46	32	21,3	44	35	15,9	18	14	4,8	43	53	13,9	6	11	1,4
50	28	18,7	38	34	15,7	26	31	10,7	9	11	2,9	1	0	0
8	3	2	16	12	5,6	48	28	9,7	6	5	1,3	1	0	0
31	17	11,3	4	4	1,8	41	29	10	18	29	7,6	3	5	0,6
63	38	25,3	19	15	6,8	36	42	14,5	13	18	4,7	8	12	1,5
17	10	6,7	57	47	21,4	21	23	7,9	25	24	6,3	1	0	0
41	25	16,6	38	30	13,6	44	56	19,4	16	23	6,1	5	9	1,1
46	23	15,3	66	52	23,6	25	12	4,1	22	30	7,9	2	1	0,1
19	12	8	21	16	7,3	39	32	11,2	10	14	3,7	6	13	1,6
56	32	21,3	9	8	3,6	40	38	13,1	10	15	3,9	24	56	7
34	18	12	12	12	5,4	31	43	14,8	17	20	5,3	10	18	2,3
49	21	14	41	26	11,8	13	12	4,1	39	44	11,6	1	0	0
5	3	2	53	42	19,1	28	22	7,6	24	25	6,6	8	14	1,8
68	41	27,3	14	11	5	22	17	5,9	13	20	5,3	31	59	7,4
14	10	6,7	10	6	2,7	55	46	15,9	26	22	5,8	4	7	0,9
698	382	254,5	568	449	204,3	570	429	182,6	368	449	118,1	133	228	28,6

tralnervenorgane und des Bauchstranges schwindet auch die Möglichkeit des Auftretens der Katalepsie" (SCHMIDT).

Im Gegensatz zu diesen Ergebnissen stehen die Angaben von REISINGER. Auch er wandte die gleiche Versuchstechnik an wie SCHMIDT, nämlich Durchschneiden des Tieres, kam aber zu dem Resultat, daß auch noch das Hinterstück die Fähigkeit zur Katalepsie habe. „Plötzliche Verstümmelung versetzt beide getrennte Körperteile von *Dixippus* in Katalepsie, als Beweis der Überwertigkeit des mechanischen Reizes." „Sind die Kopfganglien im allgemeinen auch das übergeordnete Reflexzentrum, so dürfte bei so hochgradig empfindlichen Tieren wie *Dixippus* eine gewisse, wenn auch unvollständige Hemmung von den Bauchganglien ebenfalls ausgehen."

Ich habe die Versuche dieser Autoren vielmals wiederholt und in verschiedener Weise abgeändert. Der Versuch der Durchschneidung des Tieres in der Mitte des Thorax läßt sich noch eindrucksvoller gestalten, wenn man nicht das ganze Tier, sondern nur die *Thorakalkonnektive* an irgendeiner Stelle durch-

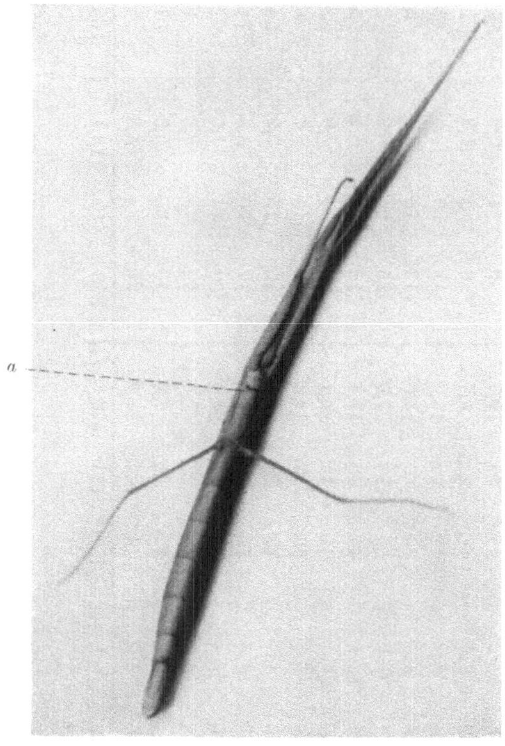

Abb. 19. *Dixippus* nach Durchschneidung des Bauchmarks zwischen dem 2. und 3. Beinpaar. *a* Durchschneidungsstelle. Das Tier ist kataleptisch, Vorder- und Mittelbeine zeigen die Schutzstellung, dagegen das letzte Beinpaar ist beweglich.

schneidet. Das Ergebnis ist dasselbe, wie das von P. SCHMIDT bei Durchschneidung des Thorax, nur wird das Tier dabei nicht so geschädigt, daß es infolge der Operation stirbt, und man kann den Gegensatz im Verhalten des mit dem übergeordneten Zentrum nervös verbundenen Teiles und des davon getrennten besser beobachten. An den Beinen, die *hinter der Durchschneidungsstelle* liegen, tritt *keine Katalepsie* mehr auf, auch wird die Schutzstellung nicht mehr angenommen. Dagegen verhält sich das Vorderstück ganz wie vorher. Am eindrucksvollsten zeigt sich diese Verschiedenheit, wenn man das Hinterstück durch mechanische Reize zu lebhafter Bewegung veranlaßt, und das Vorderstück dabei passiv hin und her geschleudert wird, ohne dabei seine kataleptische Schutzstellung aufzugeben.

Man sieht bei diesem Versuch auch deutlich, daß die Erregung zur Katalepsie ausschließlich durch das Nervensystem weitergeleitet wird, nicht etwa auf der Ausbreitung eines Stoffes — man könnte an ein Hormon denken — im Körper des Tieres beruht.

SCHLEIP, der diesen Versuch auch gemacht hat, spricht nur von einer Lähmung der hinter der Durchschneidungsstelle gelegenen Extremitäten. Mir scheint der typische Unterschied des hinteren Teiles gegenüber dem vorderen in einer erhöhten Reizbarkeit und Beweglichkeit zu liegen. Freilich in irgendeiner Weise koordinierte Gehbewegungen vermögen die Beine hinter der Durchschneidungsstelle nicht mehr auszuführen, da sie ja mit dem Unterschlundganglion, das ganz allgemein bei Insekten die Rolle des Zentrums der Gehbewegungen spielt (für *Dixippus* genauer untersucht von v. BUDDENBROCK), nicht mehr nervös verbunden sind. Wenn nun sowohl der Teil des Tieres vor der Durchschneidungsstelle wie der hintere Körperabschnitt zugleich in Bewegung sind, kann man zuweilen beobachten, daß sich beide entgegenarbeiten, d. h. während die Beine des Vorderteils in normaler Weise die Gehbewegung ausführen, krallen sich die Beine des hinteren Abschnitts auf dem Boden fest und verhindern eine Fortbewegung des Tieres. Dieses Gegeneinanderarbeiten der Beinpaare hat dann oft eine *Autotomie der hinter der Durchschneidungsstelle gelegenen Beine* zur Folge.

Bei Larven verhalten sich die hinter der Durchschneidungsstelle gelegenen Beine schon etwa 1 Woche nach der Operation wieder ganz normal, und eine Untersuchung von zwei Tieren (Freipräparieren der Konnektive an der Durchschneidungsstelle und Untersuchung mit einer binokularen Lupe) ergab, daß die zerschnittenen Konnektive, wenigstens äußerlich, vollkommen regeneriert waren[1]. Bei Imagines habe ich diese Rückkehr zum normalen Verhalten nie mehr beobachten können, da bei ihnen die Extremitäten hinter der Durchschneidungsstelle meist bald durch Autotomie verloren gingen.

Wurde die nervöse Verbindung *vor dem ersten Beinpaar* zerstört, so blieben alle drei Beinpaare dauernd beweglich, das Tier ging aber bald an Erschöpfung ein, denn da es keine koordinierten Gehbewegungen ausführen konnte, vermochte es auch nicht, sich dem Futter zu nähern und zu fressen.

Daß vom Unterschlundganglion ebensowenig wie von den Thorakalganglien Katalepsie ausgelöst werden kann, zeigte sich bei Dekapitations-

---

[1] Da durch diese Untersuchung und durch das Verhalten des Tieres der Sachverhalt für die Zwecke der vorliegenden Untersuchung hinreichend klargelegt war, habe ich mikroskopische Untersuchungen nicht ausgeführt.

versuchen, bei denen der Schnitt schräg vom Hinterkopf zur Ansatzstelle der Mandibeln gelegt wurde. Es wurde auf diese Weise das Oberschlundganglion vollkommen entfernt, das Unterschlundganglion blieb dagegen intakt, wie direkt aus der Untersuchung des abgeschnittenen Stückes, ferner auch indirekt aus dem Erhaltenbleiben der rhythmischen Schreitbewegung zu ersehen war. An sechs so operierten Tieren ließen sich nie mehr irgendwelche Katalepsiesymptome feststellen.

Es kommt also als Katalepsiezentrum nur das Oberschlundganglion in Frage. Innerhalb desselben läßt sich dieses Zentrum durch Ausschalten einzelner Teile noch enger abgrenzen.

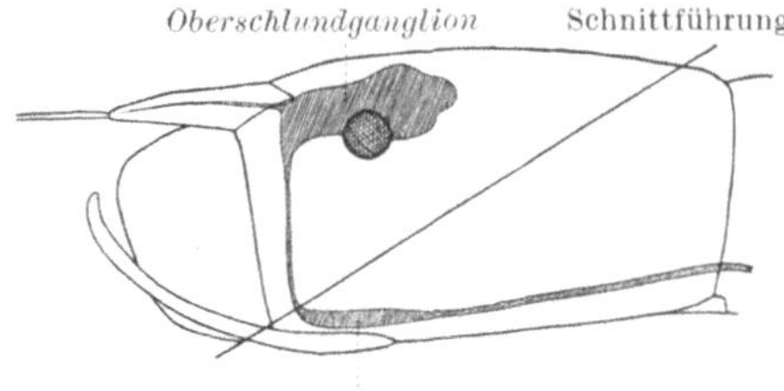

Abb. 20. Schnittführung bei einer Dekapitation, bei der das Unterschlundganglion nicht entfernt wird.

Zur Exstirpation von Teilen des Oberschlundganglions wurde die Chitindecke des Kopfes durch einen Schnitt quer über den Hinterkopf und zwei seitliche Schnitte in der Längsrichtung losgelöst und nach vorn übergeklappt. Das Gehirn tritt dann übersichtlich zutage. Nach der Operation wurde die Chitindecke wieder in ihre ursprüngliche Lage zurückgeklappt, wo sie schnell antrocknete und

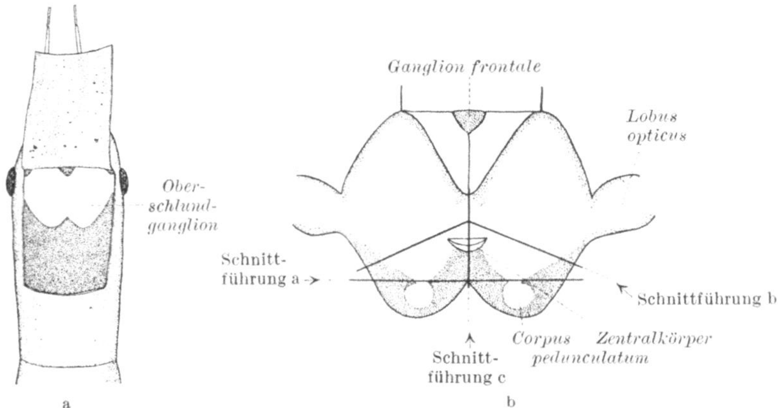

Abb. 21. a Kopf von *Dixippus* nach Aufklappen der Chitindecke. b Schnittführungen bei Exstirpationsversuchen am Oberschlundganglion von *Dixippus*. Schnittführung a zur Entfernung der Corpora pedunculata, Schnittführung b zur Entfernung der Corpora pedunculata und des Zentralkörpers, Schnittführung c zur Durchschneidung des Gehirns in der Mitte.

größeren Blutverlust verhinderte. (Die Operation wurde unter Äthernarkose ausgeführt.)

Die Anatomie des Oberschlundganglions von *Dixippus* ist von KÜHNLE genauer untersucht worden. Doch stimmen seine Angaben, wenigstens was den äußeren Bau des Gehirns anbetrifft, nicht völlig mit meinen Befunden an lebendfrischen Tieren überein, allem Anschein nach hat KÜHNLE zu seinen Untersuchungen ein etwas geschrumpftes Material[1] verwandt. Die Verhältnisse beim

---

[1] Über die Ursache dieser Schrumpfung vermag ich nichts zu sagen.

lebenden Tier sind in den schematischen Umrißzeichnungen von ATZLER zutreffender wiedergegeben. Für meine Skizzen des Oberschlundganglions habe ich die Umrisse mit dem Binokular nach dem freipräparierten Gehirn des lebenden (narkotisierten) Tieres gezeichnet und dann die für meine Untersuchungen wichtigen Corpora pedunculata und den Zentralkörper nach einer Schnittserie schematisch eingetragen.

Eine *Exstirpation der Lobi optici* hinderte das Zustandekommen der Katalepsie nicht. Ebenso änderte sich das Verhalten der Tiere in dieser Hinsicht nicht, wenn ich mit einer Schnittführung, wie sie Abb. 21b (Schnittführung a) zeigt, die nach hinten vorspringenden Teile des Gehirns entfernte, welche die *Corpora pedunculata* enthalten.

Bei einer anderen Schnittführung, die Abb. 21b zeigt (Schnittführung b), läßt sich jedoch das operierte Tier nicht mehr in Katalepsie versetzen. Es ist hier außer den Corpora pedunculata auch der *Zentralkörper* mitentfernt worden.

Daß der *Zentralkörper* die bedeutende Rolle bei der ganzen Erscheinung spielt, zeigt auch ein Durchschneidungsversuch, den schon ATZLER bei ihren Untersuchungen über das Zentrum des Farbwechsels ausgeführt hat, nämlich Durchschneidung des Oberschlundganglions in der Mitte (Abb. 21b, Schnittführung c). Diese Operation hat, wie auch ATZLER beobachten konnte, ebenfalls völligen Ausfall der Katalepsie zur Folge, obwohl die Corpora pedunculata gar nicht verletzt worden sind.

Das Zentrum der Katalepsie liegt also sicher im Protocerebrum, und zwar mit größter Wahrscheinlichkeit nicht in den Corpora pedunculata, sondern im Zentralkörper.

m) Der Grad der Katalepsie und das Zusammenarbeiten der Außenfaktoren.

Als Resultat aller Beobachtungen ergibt sich, daß die Katalepsie der Stabheuschrecken hinsichtlich der dabei mitwirkenden Faktoren eine *recht komplexe Erscheinung* ist. Nicht allein die Mannigfaltigkeit der dabei mitwirkenden Reize macht diese Erscheinung so kompliziert, sondern auch der Grad der Katalepsie kann ein recht verschiedener sein. Entsprechend diesem Grad ist dann auch die Beantwortung eines Reizes verschieden; es kann wie bereits besprochen, derselbe Reiz einmal zum Annehmen der Schutzstellung, ein anderes Mal zum Erwachen führen, je nachdem er auf ein Tier wirkt, das schwach oder stark kataleptisch war.

Der geringste Grad der Katalepsie ist mit der *Schaukelbewegung* verbunden. Daß diese mit den kataleptischen Erscheinungen in näherer Beziehung steht, stellt schon eine kurze Beobachtung außer Zweifel. Sowohl beim Beginn der Akinese wie beim Erwachen kann man das Schaukeln beobachten, also als Einleitung und Ende der Katalepsie. Auch während dieser kann das Tier auf irgendwelche Reize hin, welche die Akinese noch nicht gänzlich aufheben, die Schaukelbewegung zeigen.

Doch geht es nicht an, die Schaukelbewegung ohne weiteres als eine Teilerscheinung der Katalepsie zu bezeichnen. Denn dieses Schaukeln findet sich auch bei *Phyllium*, und zwar hier ganz unabhängig von der Katalepsie (bei *Diapheromera femorata* und *Bacillus Rossii* spielt es dieselbe Rolle wie bei *Dixippus*). Zur genetischen Erklärung der Schaukelbewegung gibt es zwei Möglichkeiten: Entweder gehört die Schaukelbewegung zum Erscheinungskomplex der Katalepsie, und ist bei *Phyllium*, das ja allgemein viel schwächer ausgeprägte Katalepsie zeigt als *Dixippus* — die Verhältnisse bei *Phyllium* werden noch in einem besonderen Kapitel behandelt werden — sekundär von dieser losgelöst, oder sie ist bei den Phasmiden als selbständig dastehende Erscheinung ganz allgemein verbreitet, und nur bei den stabförmigen Arten zu deren Katalepsie in nähere Beziehung getreten. Welche der beiden Möglichkeiten hier verwirklicht ist, ließe sich allenfalls entscheiden, wenn man eine größere Zahl der meist tropischen Phasmidenarten daraufhin untersuchen und vergleichen könnte.

Der Zustand tiefster Katalepsie drückt sich in der *Schutzstellung* aus, die gleichzeitig ein Kriterium für Katalepsie bei solchen Versuchen ist, bei denen die Tiere nicht durch Biegen der Beine untersucht werden können. Doch ist auch in ihr die Unempfindlichkeit gegenüber mechanischen wie anderen Reizen verschieden groß, so daß man nicht ein für alle Mal sagen kann: Bei Tieren in Schutzstellung hebt dieser Reiz die Katalepsie auf, jener nicht.

Die für die Schutzstellung typische Haltung wird in den meisten Fällen vom Tier genau eingehalten. Dies ist stets der Fall, wenn es *an einem länglichen Gegenstand* zur Ruhe gekommen ist. Es orientiert sich in diesem Falle immer in der Längsrichtung des Gegenstandes, was, worauf SCHLEIP aufmerksam macht, durchaus nicht durch einen Instinkt des Tieres bedingt ist, sondern lediglich dadurch, daß das Tier bei seinem Bestreben, die Beine an den Körper zu legen, sich notwendig in dieser Richtung orientieren muß. Denn da die Tarsen der einzelnen Beinpaare einander möglichst genähert, Vorder- und Hinterbeine aber in entgegengesetzter Richtung an den Körper gelegt werden, müssen Tiere, die in Schutzstellung an länglichen Gegenständen sitzen, stets parallel zu diesen orientiert sein. Doch kann sich diese Stellung auch weitgehend nach der Umgebung richten. So kann es vorkommen, daß nur eins der Vorderbeine an den Kopf gelegt ist, das andere aber seitwärts gestreckt wird und sich an einem Gegenstande festhält. Oder es können auch gelegentlich die Mittelbeine anstatt nach vorn schräg nach hinten gerichtet sein, wenn dies durch die Art des Festhaltens bedingt ist. Auch der Körper ist manchmal nicht geradegestreckt, wenn irgendein in der Nähe des Tieres befindlicher Gegenstand ein Ausstrecken verhindert. Trotzdem kann man nicht ohne weiteres sagen, daß eine derartige Stellung für einen geringeren Grad der Katalepsie kennzeichnend ist, als die typische Schutzstellung.

Zwischen Beweglichkeit und extremer Katalepsie gibt es alle *Übergänge*, wenn sich auch diese nicht alle durch verschiedene Stellungen dokumentieren. Welchen Grad der Katalepsie ein in der Ruhestellung befindliches Tier innehat, kann man ohne genaue Untersuchung nicht entscheiden. Möglich wäre dies nur, wenn man genau wüßte, welche die Katalepsie fördernden und hemmenden Reize zur Beobachtungszeit auf das Tier einwirken.

Man muß sich dies so vorstellen, daß sich alle Reize, sei es, daß sie fördernd oder hemmend auf die Katalepsie wirken, im Effekt vereinigen, und je nachdem, ob das Ergebnis dieser Verbindung zugunsten oder zuungunsten der Katalepsie entscheidet, diese eintritt oder nicht. Ist also der Gesamteinfluß der gleichzeitig auf das Tier einwirkenden katalepsieauslösenden Reize größer als der aller zu derselben Zeit einwirkenden katalepsieaufhebenden, so befindet sich das Tier in kataleptischem Zustand, im umgekehrten Falle ist es beweglich. Ist die Anzahl der auf das Tier einwirkenden katalepsiefördernden Reize sehr groß, die der katalepsieherabsetzenden nur klein, so befindet sich das Tier in Schutzstellung und zeigt alle Symptome der Katalepsie in sehr ausgeprägter Weise. Wenn jedoch dieser Unterschied zwischen den beiden entgegengesetzt wirkenden Gruppen von Reizen nur klein ist, so kann der Grad der Katalepsie manchmal so gering sein, daß die Stabheuschrecke bei der leisesten Berührung aus ihr erwacht. Es wäre denkbar, daß wir die geringsten Grade der Katalepsie mit unseren Untersuchungsmethoden gar nicht erfassen können.

Jeder Reiz, den wir künstlich dem Tier applizieren, tritt seiner Art entsprechend zu der einen oder anderen Gruppe von Reizen hinzu. Wird dadurch das Größenverhältnis der beiden Gruppen umgekehrt, d. h. wird die vorher kleinere Gruppe von Reizen zur größeren, so nimmt das Tier den entgegengesetzten Zustand an, geht also aus der Katalepsie zur Bewegung über oder stellt die Bewegung ein und wird kataleptisch.

Wenn der Reiz nicht ausreicht, eine solche Umkehrung im Zusammenwirken der Reize hervorzurufen, so schafft er doch durch seine Aufnahme in das Faktorengefüge für die Wirkung eines weiteren Reizes eine *veränderte Reizsituation*, und der nächste Reiz braucht dann vielleicht nur recht geringfügig zu sein, um eine solche Umkehrung zu bewirken.

Die Beantwortung mancher Reize ist also verschieden, je nachdem auf was für ein schon vorhandenes Faktorengefüge sie auftreffen. Die Zuordnung eines Reizes zu der Gruppe der katalepsieauslösenden oder -aufhebenden Faktoren hängt also zuweilen von den bereits vorher wirksamen Faktoren ab.

P. SCHMIDT äußerte in seiner Arbeit die Ansicht, das Maßgebende für das Verhalten der Stabheuschrecken sei eine „*innere Stimmung*" der Tiere. Die Natur dieser inneren Stimmung läßt sich jetzt ein gutes Stück weiter verstehen als eine Folge des komplizierten Zusammenarbeitens einer ganzen Reihe von Außenfaktoren. Ein solches Sichverzahnen der Einflüsse, das sich ja bei vielen biologischen Erscheinungen zeigt, gilt auch für die hier behandelte Erscheinung der Katalepsie. Freilich will ich damit nicht behaupten, daß der innere Faktor SCHMIDTS gänzlich fehle, daß alles lediglich von Außenbedingungen abhänge, doch glaube ich diesen Faktor durch die Analyse der Außenfaktoren wesentlich eingeengt zu haben, so daß ihm jetzt nur noch die Rolle zukommt, gelegentlich vorkommende individuelle Abweichungen auf sein Konto zu nehmen. Ob auch diese sich noch

42*

werden näher erklären lassen, ist fraglich, aber immerhin denkbar; der Ausdruck „innerer Faktor" ist ja in diesem Zusammenhange letzten Endes nichts als eine Umschreibung für „uns unbekannter Faktor".

n) Ökologische Bedeutung der Katalepsie.

Die ökologische Bedeutung der Katalepsie von *Dixippus* war von jeher besser bekannt als die Tatsache selbst. Schon bevor man wußte, daß die Schutzstellung eine kataleptische Erscheinung ist, wurden die Stabheuschrecken als Schulbeispiel für *Mimese* beschrieben. Es erübrigt sich also wohl, auf die täuschende Ähnlichkeit eines kataleptischen *Dixippus* mit einem Zweig und die notwendige Schutzwirkung seiner Stellung einzugehen. Auch der *Tagesrhythmus*: Am Tage Katalepsie, nachts Bewegung, hat sicher seine biologische Bedeutung. Denn am Tage würden sich die Stabheuschrecken durch ihre Bewegung leicht insektenfressenden Tieren verraten, die auf ihren Gesichtssinn eingestellt sind. Und da höhere, optisch orientierte Tiere, wie Vögel und Eidechsen, als Feinde für *Dixippus* sicher in Frage kommen, so mag der Tag-Nachtrhythmus, der ja keineswegs, wie die Beobachtungen an *Diapheromera* zeigen, bei den Phasmiden eine allgemeine Erscheinung ist, sich durch Selektion herausgebildet haben, die von diesen Tieren ausgeführt wurde. Dies glaubt auch STOCKARD für *Aplopus Mayeri* annehmen zu müssen.

Der *biologische Nutzen* der Katalepsie ist sogar experimentell nachgewiesen. Einmal beschreibt STOCKARD einige Beobachtungen an *Aplopus Mayeri*, der in kataleptischem Zustand von Hühnern nicht bemerkt wurde. Viel überzeugender sind noch die Versuche von PLATE, die dieser in der Heimat der Tiere selbst, auf Ceylon, mit *Dixippus* und *Phyllium* anstellte. Er brachte die Versuchstiere zusammen mit einigen dort lebenden Eidechsen in einem Behälter unter, und konnte beobachten, daß die Eidechsen nur bewegliche Tiere angriffen, an den kataleptischen aber achtlos vorüberliefen. *Phyllien*, die stets beweglicher waren als Stabheuschrecken, fielen auch viel schneller den Eidechsen zum Opfer, obwohl auch sie, solange sie sich ruhig verhielten, zwischen den Blättern der Futterpflanzen nicht bemerkt wurden. Auch in Versuchen von GRIMPE mit Eidechsen und großen Fangheuschrecken zeigte sich deutlich, daß die Katalepsie den Stabheuschrecken einen bedeutenden Schutz gewährt.

Für die übrigen Nebenumstände der Katalepsie außer dem Tag-Nachtrhythmus läßt sich meist auch eine biologische Bedeutung finden. So dient der *Fallreflex* und der *Festklammerreflex* dazu, das Tier den Blicken eines Angreifers zu entziehen. Auch während der Nacht sind die Stabheuschrecken ja nicht dauernd in Bewegung, sondern nur, wenn der *Hunger* sie dazu veranlaßt, und dies auch besonders nur dann, wenn ihr *chemischer Sinn* ihnen anzeigt, daß Futter in der Nähe ist. Es ist so, daß die Tiere, wenn man sie ungestört läßt, außer dem Aufsuchen des

Futters und der kurzen Freßperiode andere Lebensäußerungen nur in geringem Maße zeigen. Der Weg, den ein Tier in einer Nacht zurücklegt, mag im ganzen etwa 20—40 cm betragen, oft verläßt es auch das Blatt, auf dem es sich befindet, gar nicht.

Also in ökologischer Hinsicht charakteristisch ist die Tendenz, die Bewegung in jeder Weise einzuschränken und dadurch die schon durch die Stabform bedingte Unauffälligkeit in maximaler Weise zu steigern.

Auch noch ein weiterer Umstand arbeitet bei dem Zustandekommen dieser Unauffälligkeit mit. *Dixippus* hat nämlich die *Fähigkeit, seine Farbe zu wechseln.* Durch diese Fähigkeit kann sich das Tier der Farbe seines Untergrundes anpassen.

Freilich besteht dazu nur eine beschränkte Möglichkeit, denn die Art des Pigments läßt nur einen Wechsel vom dunkelsten Braun bis zu hellem Grün zu. Auch richtet sich, wie Versuche von ATZLER zeigen konnten, die Farbe des Tieres nicht genau nach der des Untergrundes, sondern maßgebend ist hier, ob der Untergrund heller (grüne Färbung der Tiere) oder dunkeler (braune Färbung der Tiere) als die gesamte übrige Umgebung ist. Diese Farbanpassung muß besonders günstig für das Tier sein, wenn es sich auf Pflanzen mit braunen Stengeln aufhält.

Morphologische wie physiologische Eigentümlichkeiten arbeiten hier Hand in Hand, um einen Mimesefall vollkommenster Art entstehen zu lassen.

Auf die ökologischen Beziehungen der Katalepsie zur Kältestarre ist schon in dem betreffenden Abschnitt hingewiesen worden.

Anhang: Katalepsie bei Phyllium.

Auf die Katalepsie von *Phyllium* soll hier nur soweit eingegangen werden, wie es zur Diskussion des allgemeinen Problems der Entstehung und des Wesens der Katalepsie bei Phasmiden erforderlich ist. Ich beschränke mich daher mehr auf die Darstellung allgemeiner Tatsachen, während die Ergebnisse von mehr ins einzelne gehenden Untersuchungen an dieser Form in einer besonderen Abhandlung demnächst folgen sollen.

Die kataleptischen Erscheinungen bei *Phyllium* treten lange nicht mit der Deutlichkeit zutage wie die bei *Dixippus*, und erst die Kenntnis der Katalepsie bei Stabheuschrecken legte es nahe, ähnliche Erscheinungen bei *Phyllium* zu analysieren. GRIMPE, der die Katalepsie bei *Phyllium* untersucht hat, identifiziert derartige Zustände bei *Phyllium* und bei *Dixippus* ohne weiteres miteinander. Doch glaube ich, daß man dazu nur mit gewissen Einschränkungen berechtigt ist. Um dies näher auseinandersetzen zu können, will ich zunächst kurz die bei meinen Untersuchungen gemachten Feststellungen besprechen, die zum großen Teil mit den Angaben GRIMPES übereinstimmen.

Phyllium zeigt Akinesen von oft recht langer Dauer, in denen es sich meist mit abwärts gerichteter Dorsalseite an der Unterseite von Blättern festhält. Eine Flexibilitas cerea ist dabei vorhanden, künstlich gegebene Stellungen werden oft beibehalten, wenn auch meist nur für wenige Minuten. Doch verhält sich das Tier nicht so wie *Dixippus*, ,,wie ein

Gestell aus Wachs und weichen Drähten" (SCHMIDT), sondern zeigt, wenn man seine Beine biegt, meist leichte Zuckungen. Ferner gelingt es zuweilen, ein Tier, das deutlich die flexibilitas cerea zeigt, durch optische Reize zur Bewegung zu veranlassen. Wenn man einige Zeit (etwa 5 Sekunden bis 1 Minute) über dem Kopf eines solchen Tieres einen Gegenstand hin- und herbewegt, so führt es plötzlich mit den Vorderbeinen lebhafte Suchbewegungen nach diesem Gegenstand hin aus. Andere als optische von dem Gegenstand ausgehende Reize ließen sich durch Dazwischenhalten einer Glasplatte ausschalten.

Ebenso abweichend von dem Verhalten von *Dixippus* ist es auch, daß man bei sich bewegenden *Phyllien* zuweilen an einzelnen Extremitäten deutliche Flexibilitas cerea feststellen kann. So sind gar nicht selten die Vorderbeine in diesem Zustand, während das Tier sich auf Mittel- und Hinterbeinen weiterbewegt. (Bei *Dixippus* kommt dies während der Ortsbewegung nicht vor. Nur wenn das Tier schwache Schaukelbewegungen auf derselben Stelle ausführt, hat man zuweilen den Eindruck, als ob die an den Kopf gelegten Vorderbeine eine Flexibilitas cerea zeigten. Genau festzustellen, ob die Flexibilitas cerea der Vorderbeine schon während der Schaukelbewegung der Mittel- und Hinterbeine eintritt, oder stets erst nach deren Aufhören, ist mir nicht gelungen.) GRIMPE bildet ein *Phyllium* ab, das mit den Beinen der linken Seite an einem Zweig aufwärts klettert, während es die der rechten Seite starr von sich streckt.

Man kann bei *Phyllium* auch eine Art „*Erfassungshypnose*" erzielen, wenn man es an den blattartigen seitlichen Verbreiterungen des Abdomens ergreift und aufhebt. Es tritt dann oft Flexibilitas cerea der Beine und des Körpers ein, doch ist dieser Zustand nicht der als Akinese definierten Katalepsie von *Dixippus* völlig gleich, denn in den meisten Fällen zeigt ein in dieser Weise aufgehobenes Tier eine Bewegung der Fühler. In Zeitabständen von etwa 10 Sekunden reibt es deren Innenflächen aneinander, sodaß ein gerade hörbares Geräusch entsteht. Auch der ganze Körper gerät dabei in leises Zittern, was man, wenn man das Tier mit der Hand festhält, deutlich in den Fingerspitzen fühlt.

Es gelingt selten, ein ruhig dasitzendes Tier aufzuheben, ohne daß es beweglich wird, da man beim Losreißen des Tieres von seiner Unterlage einen starken Zug auf seine Beine ausüben muß, der dann meist Bewegung veranlaßt. Sorgt man dann dafür, daß seine Beine nicht mit irgendeinem Gegenstand in Berührung kommen, so tritt bald die soeben besprochene Erfassungshypnose ein.

Legt man ein bewegungsloses Tier auf den Rücken, so bleibt es nur in der geringeren Zahl der Fälle ruhig liegen, meist tritt sofort der Umdrehreflex ein. Unterdrückt man diesen jedoch einige Zeit, so tritt auch in Rückenlage Akinese ein, in der aber die Reizunempfindlichkeit und die Tonusheraufsetzung recht gering sind. Der Zustand des Tieres erinnert dann sehr an die von SZYMANSKY beschriebene Hypnose der Küchenschabe oder an die von BLEICH untersuchte Mechanohypnose der Laufkäfer.

Die Akinese der *Phyllien* ist manchmal mit einer besonderen Stellung verbunden, die an die *Schutzstellung* von *Dixippus* erinnert und dieser wahrscheinlich auch homolog ist. Doch gleicht sie dieser keineswegs völlig, denn einmal ist es den *Phyllien* schon wegen der lappigen seitlichen Anhänge der Vorderbeine nicht möglich, das Vorderbeinpaar in paralleler Anordnung zur Achse des Körpers an den Kopf zu legen, wie dies *Dixippus* tut, sondern dies kann nur mit einiger Annäherung geschehen, ferner werden die Beine des 2. und 3. Beinpaares nicht wie bei Stabheuschrecken ausgestreckt an den Körper gelegt, sondern im Kniegelenk eingeknickt, sodaß das Femur nach hinten, Tibia und Tarsen aber nach vorn zeigen. Beim Männchen ist auch die Haltung der Fühler anders als bei den untersuchten *Dixippus*-Weibchen. Die Fühler werden nicht nach vorn ausgestreckt, sondern über den Rücken nach hinten gelegt. Doch sind sie bei Männchen im letzten Larvenstadium noch stets nach vorn gerichtet. Auch in dieser Stellung zeigen die Tiere gewöhnlich keine größere Unempfindlichkeit gegen mechanische Reize als bei gewöhnlicher Ruhestellung.

Für *Phyllium* besonders charakteristisch ist die *Schaukelbewegung*. Bei *Dixippus* zeigte sie sich nur, wenn das Tier gerade aus der Katalepsie erwachte oder in diese verfiel. Hier ist sie aber bei den Bewegungen der Tiere eine fast ständige Begleiterscheinung. Nur wenn man die *Phyllien* durch Aufheben und Berührung in die höchstmögliche Aktivität versetzt, fällt sie fort. Sonst ist aber fast jede Bewegung mit einem Schaukeln des Tieres verbunden. Wenn es lebhaft klettert, wenn es frißt, stets ist eine Schaukelbewegung wenigstens angedeutet. Selbst ein auf einer Stelle sitzendes *Phyllium* führt diese Bewegung oft längere Zeit aus, und wenn die Tiere auf einem Eichenzweig mit harten Blättern sitzen, kann man oft viele Minuten lang ein rhythmisches Klopfgeräusch hören, das beim Anstoßen der Abdominalauswüchse an die Eichenblätter entsteht. In einem festen Zusammenhang mit den akinetischen Erscheinungen steht die Schaukelbewegung also hier nicht.

Im Gegensatz zu den Stabheuschrecken sind die wandelnden Blätter, worauf PLATE hinweist, recht bewegliche Tiere. Sie bewegen sich im Gegensatz zu *Dixippus* auch am Tage recht häufig und zuweilen mehrere Stunden lang.

Es ist recht schwierig, dieses wechselvolle Verhalten von *Phyllium* in die von uns zur Verfügung stehenden *Begriffe* einzuordnen. GRIMPE, mit dessen Angaben meine Beobachtungen in den Grundzügen übereinstimmen, belegt in seiner umfassenden Darstellung der akinetischen Erscheinungen bei *Phyllium* diese Zustände mit der Bezeichnung „Autokatalepsie". Auch die Schaukelbewegung wird in diese Bezeichnung einbegriffen. Plate, der während seines Aufenthaltes auf Ceylon mit *Phyllien* arbeitete, bezeichnet die Akinese dieser Phasmiden ebenfalls als Katalepsie, doch beschreibt er das Schaukeln unter den Bewegungserscheinungen.

Zweifellos ist die Akinese von *Phyllium* zuweilen eine kataleptische. Doch treten alle Erscheinungen, die der von uns gebrauchten Definition gemäß zur Katalepsie gehören, nur recht selten gleichzeitig auf. In den meisten Fällen zeigt sich im jeweiligen Zustand der Tiere nur ein *Teil der Katalepsiesymptome*. Eine Herabsetzung der Reizempfindlichkeit ist oft trotz völliger Akinese nicht bemerkbar. Dann wieder finden wir eine deutlich erkennbare Flexibilitas cerea ohne gleichzeitige Akinese, ja selbst, wie wir gesehen haben, während der Ortsbewegung[1]. Dies widerspricht rein begrifflich der Definition der Katalepsie. Denn diese, wie die tierische Hypnose überhaupt, ist in erster Linie durch Bewegungslosigkeit charakterisiert, und diese Grundforderung finden wir hier nicht verwirklicht. Wir können also in vielen Fällen von einer Katalepsie im strengen Sinne bei *Phyllium* nicht sprechen.

Einige Autoren glauben, wenn auch Akinese für die tierische Hypnose das am meisten charakteristische Merkmal ist, doch bei leichter Bewegung noch von einer Hypnose sprechen zu können. So spricht Hoffmann eine Akinese bei *Limnotrechus*, bei der das Tier noch den Rüssel bewegt, noch als „echte Hypnose" an. Auch bei Szymansky schließt eine Fühlerbewegung des Versuchstieres diese Bezeichnung nicht aus[2].

Wo man die Grenze zwischen Hypnose und nicht hypnotischem Zustand legen will, das bleibt letzten Endes dem Urteil des einzelnen überlassen. Meines Erachtens ist es jedoch besser, nicht die Bezeichnung für den Gesamtkomplex auf einzelne Teilerscheinungen auszudehnen, wenn für jede dieser Erscheinungen ein besonderer Begriff existiert. Um anzudeuten, daß die bei *Phyllium* beobachtete Akinese und Flexibilitas cerea mit kataleptischen Erscheinungen in dem Zusammenhang stehen, daß sie bei gleichzeitigem Auftreten und bei Hinzutreten der Analgesie eine definitionsgemäße Katalepsie darstellen, will ich auch hier von „*partieller Katalepsie*" sprechen. Doch ist hier die partielle Katalepsie nicht wie bei den auf S. 627 behandelten Versuchen mit *Dixippus* eine auf einen Teil

---

[1] Nach Grimpe soll zuweilen auch bei Tieren in Schaukelbewegung noch „Gefühllosigkeit" weiterbestehen (eine Beobachtung, die ich bei meinen Versuchstieren nie habe machen können).

[2] Grimpe spricht sogar noch von Katalepsie, wenn ein auf den Rücken gefallenes Tier mit Hilfe der Elytren die Umdrehbewegung ausführt. Er sagt: „Selbst wenn das Tier beim Fall in kataleptischem Zustande ist, findet diese Wendung statt, so daß die Tätigkeit der Elytren hierbei wohl kaum als aktiv anzusprechen ist."

des Körpers beschränkte, dort aber vollständige Katalepsie, sondern sie ist in ihren Symptomen unvollständig, also nicht „lokal-partiell", sondern „*symptomatisch partiell*".

Eigentliche Katalepsie ist also bei *Phyllium* recht selten, dagegen sind lange Akinesen und Flexibilitas cerea, also die Kennzeichen einer *partiellen Katalepsie*, recht häufig zu beobachten. Auch ist bei eigentlicher *Katalepsie* deren Grad im Verhältnis zu dem bei *Dixippus* außerordentlich gering, meist nur eben hoch genug, daß wir mit unseren Untersuchungsmethoden den Zustand des Tieres als Katalepsie erkennen können.

Was die *Schaukelbewegung* anbelangt, so ist ihre Zugehörigkeit zu den Katalepsiesymptomen hier noch viel fraglicher als bei *Dixippus*, tritt doch, wie wir gesehen haben, das Schaukeln nur zu oft ohne jedes Katalepsiesymptom auf, auch bei lebhafter Bewegung und beim Fressen. Ob wir in ihr trotzdem eine partielle Katalepsie zu erblicken haben, die sich gänzlich von dem Katalepsiekomplex losgelöst hat, oder eine ganz selbständige Erscheinung, bleibt fraglich, doch halte ich das letztere für wahrscheinlich.

Eine *spezifische* Reaktion darauf, daß das Tier vom *Wind* getroffen wird, wie dies GRIMPE annimmt, ist die Schaukelbewegung nicht, sondern das Tier schaukelt überhaupt immer, wenn es durch irgendwelche Reize veranlaßt wird, seine Akinese aufzugeben. Auch ist die Schaukelbewegung nicht geeignet, die mimetische Wirkung der blattförmigen Gestalt des Tieres zu verstärken, die schaukelnden Tiere sind vielmehr recht auffällig, während auf einem vom Wind bewegten Zweig das Tier schon in einer für seine Mimese ausreichenden Weise passiv bewegt wird. Wir können — soweit die heutige Kenntnis der hierher gehörigen Tatsachen reicht — das Schaukeln vielmehr als einen ökologisch anscheinend bedeutungslosen Ausdruck für einen besonderen Erregungszustand des Tieres auffassen, zumal sich ähnliche, dem Beobachter sozusagen zwecklos erscheinende Bewegungen auch bei mit *Phyllium* gar nicht näher verwandten Insekten zeigen.

Eine solche ökologisch wahrscheinlich bedeutungslose Bewegung konnte ich bei *Hydrometra* beobachten: Wenn man das Tier durch Berührung zu lebhafter Fluchtbewegung veranlaßt, und es dann nach einiger Zeit wieder zur Ruhe kommt, so führt es in Zeitabständen von etwa 5—10 Sekunden eine besondere Bewegung aus, bei der ruckartig alle Beine im Kniegelenk eingeknickt werden, so daß der Körper des Tieres sich abwärts bewegt, bis er fast den Boden berührt. Ebenso ruckartig schnellt dann auch der Körper in seine normale Lage zurück. Diese Bewegung kommt beim langsamen Vorwärtsschreiten des Tieres wie auch bei sonst völliger Ruhe vor.

Über die verschiedenen Möglichkeiten der phylogenetischen Herausbildung der Schaukelbewegung ist bereits bei der Behandlung dieser Erscheinung bei *Dixippus* einiges gesagt worden.

PLATE ist der Ansicht, daß sich die Katalepsie bei *Phyllium* noch nicht so weit herausgebildet habe, wie bei *Dixippus*, und daß sie deshalb noch recht unvollkommen sei. Diese Erklärung hat sicher den Vorzug vor der umgekehrten, daß sich die Katalepsie in ihrer Ausprägung bei *Phyllium* rückgebildet habe, da bei Tieren mit auffallender Ähnlichkeit mit unbewegten Pflanzenteilen eine Selektion immer auf eine Verstärkung und Verlängerung der Akinese hinwirken muß, nicht umgekehrt. Da wir nun sehen, daß bei *Phyllium* die einzelnen Komponenten der Katalepsie unabhängig voneinander auftreten, und nur in besonders günstigem Falle zu einer definitionsgemäßen Katalepsie zusammentreten, so könnte man vielleicht daraus den Schluß ziehen, daß die Katalepsie der Phasmiden allgemein erst durch Zusammenfügung dieser Komponenten entstanden sei. Doch zu einem abschließenden Urteil über diesen Sachverhalt zu kommen, wird erst möglich sein, wenn Untersuchungen über eine größere Anzahl von Phasmidenarten vorliegen.

Mit der biologischen Bedeutung der Katalepsie bei *Phyllium* hat sich vornehmlich PLATE beschäftigt, und zwar in Ceylon selbst, besonders experimentell. Er fand, daß die wandelnden Blätter meist nur dann von Eidechsen, ihren natürlichen Feinden, gefunden wurden, wenn sie sich bewegten, und daß sie deshalb gegenüber den Stabheuschrecken, die sich am Tage viel weniger bewegen, im Nachteil waren.

Anhangsweise möchte ich eine Beobachtung von BELT, deren Originalveröffentlichung ich nicht habe finden können, mit THESINGS Worten anführen, da sie in unseren Zusammenhang gehört. Es handelt sich um eine Mitteilung über einige Blattheuschrecken, die in den Weg von Treiberameisen gerieten. „Während einige der Blattheuschrecken vor Schreck in Bewegungslosigkeit verfielen, und infolgedessen von den Ameisen unbeachtet blieben, suchten andere zu ihrem Verderben das Heil in der Flucht." Wir möchten nur darauf aufmerksam machen, daß die Treiberameisen nach den Untersuchungen von WASMANN fast vollkommen unentwickelte Sehorgane haben und sich nur durch den Geruch und den Tastsinn orientieren. Ob die angeführte Beobachtung vielleicht ganz neue Gesichtspunkte in die hier behandelte Frage zu bringen vermag, sei dahingestellt. Der Sachverhalt läßt sich nicht genauer nachprüfen, da für die beobachteten Ameisen wie Blattheuschrecken eine Artangabe fehlt.

3. Die Katalepsie bei Wasserläufern.
a) Bisherige Arbeiten und allgemeine Übersicht über hypnotische Erscheinungen bei Wasserläufern.

Mit der Biologie der Wasserläufer hat sich besonders eine Reihe amerikanischer Autoren beschäftigt, so RILEY, W. HOFFMAN, ESSENBERG, PARSHLEY. Doch sind in ihren Arbeiten hypnotische Erscheinungen sehr kurz behandelt, meist wird nur die Tatsache ihres Auftretens erwähnt. Dieselbe Erscheinung wird zuweilen auch als „Thigmotaxis" beschrieben.

Speziell mit den hypnotischen Erscheinungen bei diesen Wanzen beschäftigt sich nur eine Arbeit von R. W. Hoffmann (Göttingen 1921).

Dieser Autor beobachtete bei *Limnotrechus lacustris*, daß dieser Wasserläufer in einen hypnotischen Zustand gerät, wenn sein Körper mit einer festen Unterlage in Berührung kommt, z. B. wenn er außerhalb des Wassers an Gegenständen herumklettert. Er zeigt dann weitgehende Analgesie, Unempfindlichkeit gegen optische und Berührungsreize, ebenso gegen passive Lageveränderung. Auch läßt sich bei dieser Hypnose eine besondere Stellung beobachten: Die beiden ersten Beinpaare werden gerade nach vorn gestreckt, das letzte nach hinten.

Hoffmann sah die Ursache zu dieser Hypnose darin, daß die feinen Härchen der Unterseite des Tieres mit dem Untergrund in Berührung kommen, was nach seiner Meinung sofortige Akinese zur Folge hat. Den Zustand experimentell hervorzurufen gelang ihm nicht. Nur durch Niederdrücken des Tieres auf Watte und Festhalten konnten akinetische Zustände ausgelöst werden, bei denen das Tier aber meist noch den Rüssel bewegte.

Besser gelang es auf eine andere Methode, eine Hypnose zu erzielen: Das Tier wurde von oben mit der Pinzette am Femur eines Beines ergriffen und hochgehoben, worauf dann meist unverzüglich Hypnose eintrat. Hoffmann bezeichnet diese Akinese unter Berücksichtigung des sie hervorbringenden Reizes als „*Erfassungshypnose*". Auch in ihr zeigt das Tier alle für eine Hypnose zu fordernden Eigenschaften: Inaktivität, Aufhebung des Lagekorrektionsvermögens, herabgesetzte Reizempfindlichkeit, kataleptische Zustände und Analgesie. Auch wenn der Wasserläufer nicht gleich nach dem Erfassen in Akinese fiel, trat doch nach einiger Zeit diese Erfassungshypnose ein. Während bei der durch Niederdrücken der Tiere ausgelösten Hypnose eine Ermüdung eine Rolle spielen konnte, war dieses Moment bei der durch Pinzettenerfassung ausgelösten Hypnose völlig ausgeschlossen. Wurde das Tier längere Zeit an der Pinzette hängend gehalten, so traten Perioden von Hypnose und Zappelbewegungen abwechselnd auf.

Hoffmann konnte zeigen, daß die Dauer der Hypnose verlängert wird, wenn man das an einem Bein hängende Tier mit einem Gegenstand in Berührung bringt. Um diesen Reiz, den der Autor „*passiven Berührungsreiz*" nannte, auf das Tier einwirken zu lassen, wurden verschiedene Körperteile des Versuchstieres mit Holzstückchen, Wattefasern oder Wachs in Kontakt gebracht. Auch zeigte sich eine Verlängerung und Verstärkung der Hypnose, wenn die Beine des hängenden Tieres mit einem Flüssigkeitsspiegel in Berührung gebracht wurden. Ähnlich hypnoseverlängernd erwies sich ein „*aktiver Berührungsreiz*", darin bestehend, daß der Wasserläufer mit einer Nadel betupft wurde. Aktiver wie passiver Berührungsreiz verlängerten die Hypnose erheblich. Während dieser zeigte sich eine Reflexerregbarkeit: Brachte man einen Gegenstand mit den Tarsen in Berührung, so zeigten die Beine die Tendenz, den betreffenden Gegenstand zu umklammern. Dies führte dazu, daß ein leichter Körper, wie ein Stückchen Papier, von den Beinen festgehalten wurde.

Daß die Erfassungshypnose eine echte tierische Hypnose ist, zeigte sich auch darin, daß es gelang, das Tier auch nach Aufhören des Reizes, also des Festhaltens mit der Pinzette, in bewegungslosem Zustande zu halten. Dies war dadurch zu erreichen, daß der Autor das Versuchstier vorsichtig mit dem Rücken nach unten auf eine Pappscheibe legte, und dann die Pinzette unter Vermeidung jeder Erschütterung entfernte. ·

Schließlich bespricht Hoffmann noch zwei biologisch bedeutsame Hypnosen, nämlich eine bei der Copula, wobei beide Tiere davon betroffen werden sollen, und eine zweite beim Freßakt der Wasserläufer. Beide Erscheinungen will ich in einem späteren Abschnitt noch im Vergleich mit eigenen Beobachtungen behandeln.

Als Hauptauslösungsfaktor der tierischen Hypnose der Wasserläufer sieht HOFFMANN also Berührungsreize an, denen er überhaupt eine weitgehende Bedeutung bei der Auslösung tierischer Hypnose beimessen zu können glaubt.

Ein bewegungslos an einem Gegenstand sitzender *Gerris* befindet sich nicht in jedem Falle in einem hypnotischen Zustand. In einem Teil der Fälle geht das Tier schon auf optische Reize hin wieder zur Bewegung über, zeigt also nicht die definitionsgemäß mit einer Hypnose verbundene Reizunempfindlichkeit. In anderen Fällen tritt auf optische Reize keine Bewegung ein. Doch ist der Ausfall dieser Reaktion noch kein sicheres Kriterium für das Vorhandensein einer Hypnose. Erst wenn das Tier bei leichter Berührung Reizunempfindlichkeit zeigt, kann man mit Sicherheit auf eine Hypnose schließen.

Die Reizunempfindlichkeit ist manchmal recht gering, oft jedoch auffallend hoch. Eine Verstümmelung, wie stückweises Abschneiden der Beine wird oft gar nicht oder nur mit einem leisen Zucken beantwortet. Versucht man in derselben Weise, wie dies beim kataleptischen *Dixippus* zur Prüfung des Zustandes seiner Muskulatur geschah, ein Bein des Tieres zu biegen, so gibt dies einem geringen Druck nach und behält eine ihm künstlich gegebene Stellung bei. Dies ist, ebenso wie der leichte Widerstand, den die Extremität dem Biegen entgegensetzt, ein Zeichen dafür, daß der Zustand der Beinmuskulatur hypertonisch ist. Bei einem hypotonischen Zustand müßte die Extremität sogleich dem Gesetz der Schwere folgend absinken. Mit anderen Worten, wir haben hier die Erscheinung der *Flexibilitas cerea* vor uns und können mit demselben Rechte wie bei *Dixippus* die Akinese bei *Gerris* als *Katalepsie* bezeichnen. Während HOFFMANN unter Katalepsie nur eine Nebenerscheinung der Hypnose versteht, will ich auch hier diesen Ausdruck stets zur Bezeichnung der ganzen Erscheinung benutzen.

Die von HOFFMANN angeführte Stellung von *Gerris* mit parallel zur Achse des Körpers ausgestreckten Beinen ist keine notwendige Begleiterscheinung der Katalepsie, wird aber in vielen Fällen, in denen sich dann auch alle anderen Katalepsiesymptome in sehr ausgeprägter Weise zeigen, vom Tier spontan angenommen. Man kann in dieser Stellung den kataleptischen Zustand eines Tieres ohne nähere Untersuchung erkennen. Ein Vergleich dieser Haltung mit der Stellung von *Dixippus* im höchsten Grade der Katalepsie ergibt, daß hier eine genaue Übereinstimmung vorliegt. In Analogie zu der von SCHLEIP eingeführten Bezeichnung dieser Stellung bei *Dixippus* soll im Folgenden auch für die entsprechende Haltung der Wasserläufer stets die Bezeichnung „*Schutzstellung*" gebraucht werden.

b) Stellungen, Grad und Reizwirkungen bei der Katalepsie.

Bei der *Erfassungshypnose* nehmen die Wasserläufer meist eine für diese typische Haltung ein, in der alle Beine möglichst geradegestreckt werden, nur die Vorderbeine sind in vielen Fällen gekrümmt. Und zwar sind die Beine des 1. und 2. Paares nach vorne, die des 3. nach hinten gerichtet, immer in einem Winkel von etwa 40⁰ zur Körperachse des Tieres seitwärts gestreckt. Doch zeigen sich nicht allzu selten Abweichungen von dieser Stellung; es sind etwa die Beine in den Kniegelenken eingeknickt, auch zeigen die Wasserläufer bei diesen Versuchen manchmal die typische Schutzstellung, also ein Anlegen aller Beine, mit Ausnahme natürlich desjenigen, an dem das Tier mit der Pinzette gehalten wird.

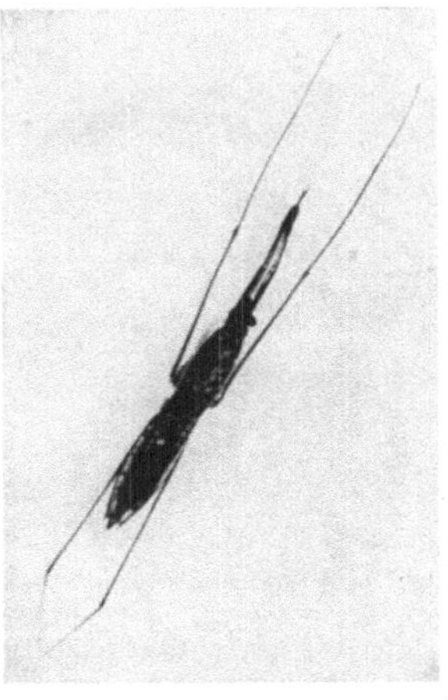
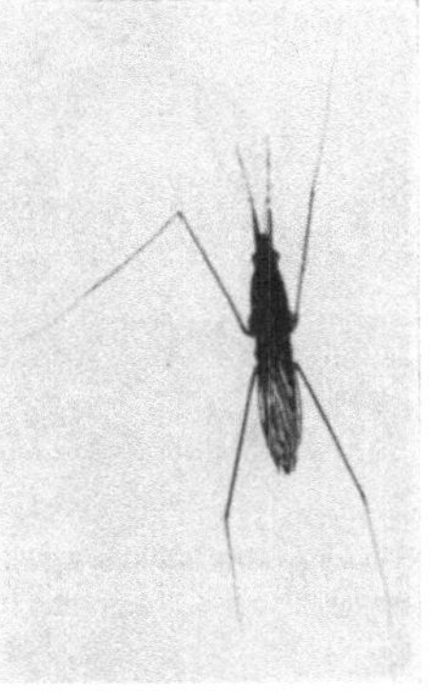

Abb. 22.	Abb. 23.	Abb. 24.

Abb. 22. *Limnoporus rufoscutellatus* in einer durch Klopfen auf den Thorax ausgelösten Akinese. In Rückenlage. Etwas vergrößert. — Abb. 23. *Limnoporus* in kataleptischer Akinese, die dadurch ausgelöst ist, daß mit einer Pinzette dorsal auf den Thorax des Tieres geklopft wurde. Etwas vergrößert. — Abb. 24. *Limnoporus* in spontan angenommener kataleptischer Ruhestellung an der Glaswand seines Aquariums sitzend. Natürliche Größe.

Alle diese Stellungen kommen auch bei der *spontanen Katalepsie* vor. Eine sozusagen „ideale" Schutzstellung ist bei dieser allerdings nicht gerade häufig zu beobachten, sondern meist richtet sich auch diese Haltung etwas nach dem Untergrund. Zuweilen kann man es der Stellung eines Tieres gar nicht ansehen, daß Katalepsie vorliegt, sondern bemerkt dies erst, wenn man das Tier genauer untersucht, so daß man auch hier wie bei den Stabheuschrecken von einer *kataleptischen Ruhestellung* sprechen kann.

Es ist auch ohne große Schwierigkeiten möglich, eine Katalepsie unter gleichzeitigem Annehmen der Schutzstellung *experimentell* hervorzurufen. Man erreicht dies, indem man das Tier mit dem Rücken auf eine feste

Unterlage legt und dann einige Male leicht mit der Pinzette auf die Unterseite seines Thorax klopft. Den einzelnen Stößen folgen dann ruckartige Bewegungen der Beine, welche schließlich die für die Schutzstellung typische Haltung einnehmen. Das Tier bleibt unter allen Erscheinungen der Katalepsie einige Zeit in dieser Stellung liegen. Es erwacht dann spontan, doch ist es auch leicht möglich, schon vor dem spontanen Erwachen das Tier wieder in den beweglichen Zustand zu bringen, wenn man einen von den mechanischen Reizen anwendet, die sich auch bei Stabheuschrecken zur Aufhebung der Katalepsie als wirksam erwiesen, nämlich Anblasen oder Berührung der Tarsen.

Es ist nicht einmal nötig, das Tier zur Auslösung der Schutzstellung auf den Rücken zu legen, es genügt auch, wenn man es in normaler Lage festhält und leicht auf die Dorsalseite seines Thorax klopft. Auch dann wird ebenso wie in

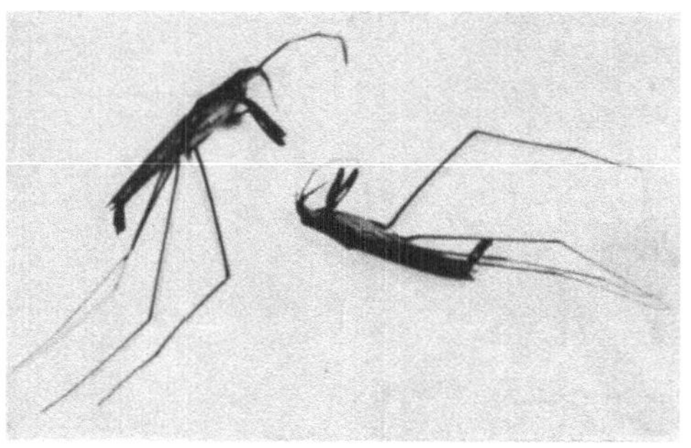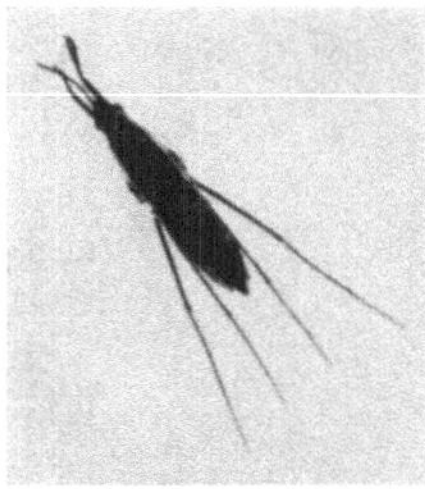

Abb. 25.   Abb. 26.

Abb. 25. *Limnoporus rufoscutellatus*. Zwei tote Tiere. Zum Vergleich mit der Haltung kataleptischer Tiere. — Abb. 26. *Limnotrechus thoracicus* in experimentell ausgelöster Katalepsie, kurz vor dem Erwachen. Etwas vergrößert.

Rückenlage bald die Schutzstellung eingenommen. Der auf das Tier ausgeübte Reiz ist in beiden Fällen derselbe, eine Erschütterung des Thorax.

In den meisten Fällen ist bei dieser Behandlung der Tiere die Schutzstellung eine ganz typische, d. h. alle Extremitäten sind eng an den Körper gelegt. Doch kommen — in allerdings seltenen Fällen — *Abweichungen* davon vor. Die häufigste von diesen ist die, daß die Mittelbeine im Kniegelenk eingeknickt werden; während das Femur nach vorne zeigt, sind Tibia und Tarsen nach rückwärts eng an den Körper gelegt. Nicht viel seltener ist eine Stellung, bei der das mittlere Beinpaar anstatt nach vorn ganz nach hinten gerichtet ist (Abb. 26). Diese Stellung beschreibt auch RILEY für den amerikanischen *Gerris remigis Say*; sie scheint für diese Art die normale Haltung während der Katalepsie zu sein.

Schließlich kommen auch Abweichungen in der Art der Stellung vor. die durchaus *individuellen* Charakters sind. Z. B. streckte ein bestimmtes Tier in der Schutzstellung stets Tibia und Tarsen des linken Mittelbeines seitwärts; es nahm an vier aufeinanderfolgenden Tagen stets genau diese

Stellung ein. Ähnliche geringfügige Abweichungen traten auch bei anderen Tieren mit steter Wiederholung auf, während in wieder anderen Fällen derartige Besonderheiten der Stellung nach einiger Zeit verschwanden. Als Ursache solcher abweichenden Verhaltensweisen dürften daher ebensowohl irgendwelche anatomischen individuellen Besonderheiten, wie auch solche rein physiologischen Charakters, also vorübergehende „Stimmungen" in Betracht gezogen werden können.

Der Umstand, daß auf denselben Reiz hin verschiedene kataleptische Stellungen eintreten können, und daß andererseits dieselbe Stellung durch verschiedene Reize ausgelöst werden kann, weist darauf hin, daß hier keine strengen Grenzen zwischen den einzelnen kataleptischen Zuständen zu ziehen sind. Untersuche ich beispielsweise ein Tier, das sich in einer kataleptischen Ruhestellung befindet, so kann ich aus seinem Verhalten in keiner Weise erkennen, ob es spontan, ob es auf einen Klopfreiz hin oder weil es an einem Bein festgehalten wurde, diesen Zustand angenommen hat. Entsprechendes gilt auch für die Schutzstellung. Ich glaube also nicht fehl zu gehen, wenn ich die „Erfassungshypnose" und die „Einschleichhypnose" (spontane Katalepsie) HOFFMANNs, wie die durch Klopfen auf den Thorax hervorgerufene Katalepsie als *ein und dieselbe Erscheinung* ansehe bzw. als verschiedene Grade einer solchen, was sogleich näher besprochen werden soll. Es erübrigt sich dann aber, eine Unterscheidung verschiedener Hypnoseformen nach der Entstehungsart zu treffen.

Der Unterschied im Zustande des Tieres, der durch die jeweilige Stellung charakterisiert wird, ist vielmehr anderer Art: Er ist kein prinzipieller, sondern nur ein *quantitativer*, d. h. es sind, wie sich bei genauer Untersuchung herausstellt, alle Katalepsiesymptome bei den einzelnen Stellungen in verschieden stark ausgeprägtem Maße vorhanden. Man kann daher — allerdings mit einigen Einschränkungen — von der Stellung des Tieres auf den Grad seiner Katalepsie schließen.

Den höchsten Grad der Katalepsie erreicht demnach ein Tier, welches spontan die Schutzstellung angenommen hat, während die unter experimentellen Bedingungen auftretende Katalepsie mit Schutzstellung wegen ihrer weit geringeren Dauer und leichteren Aufhebbarkeit einen niedrigeren Grad darstellt. Die nächste Stufe wäre dann die Erfassungshypnose, bei der ja meist noch eine besondere Stellung der Beine zu beobachten ist, und schließlich als geringster Grad wäre die Katalepsie eines Tieres anzusehen, dessen Stellung sich von der eines ruhenden Tieres nicht unterscheidet.

Diese Zusammenstellung kann jedoch nur als schematisierende Übersicht dienen. Denn wenn die Stellung auch in den meisten Fällen den Grad der Katalepsie charakterisiert, so gibt es hier auch gar nicht seltene Ausnahmen. So kann es vorkommen, daß sich ein spontan bewegungs-

loses Tier in Ruhestellung bei genauer Untersuchung in ebenso hohem
Maße kataleptisch zeigt, wie eins, das die Schutzstellung angenommen hat.

Gerade bei der spontan angenommenen Katalepsie ist der *Grad* derselben ein recht verschiedener. Ist ein Wasserläufer beim Klettern an
einer geneigten Ebene zur Ruhe gekommen, so reagiert er zunächst noch
auf optische Reize. Dies fällt nach einiger Zeit fort, das Tier zeigt sich
aber gegen Berührung noch recht empfindlich. Sitzt es aber erst eine halbe
Stunde still, und hat es die Schutzstellung angenommen, so kann man es,
mit Ausnahme der Tarsen, überall am Körper berühren, ohne daß es eine
Reaktion zeigt, und kann seinen Beinen eine künstliche Stellung geben,
die einige Zeit beibehalten wird.

Nie zeigt sich jedoch die Unempfindlichkeit gegen mechanische Reize
in so vollkommener Form, wie bei den erwachsenen Stabheuschrecken.
Höchstens der des ersten oder zweiten Larvenstadiums von *Dixippus*,
also einem geringeren Grade von Unempfindlichkeit, käme sie gleich.
Eine *kataleptische* „*Brücke*" herzustellen gelingt nur ganz selten, auch
darf man dabei das Tier nicht ganz auf die Enden seiner Beine legen.
Die Durchbiegung des Körpers ist dabei eine stärkere, die Tonusheraufsetzung ist also eine geringere als bei den Stabheuschrecken.

Auch hier ist, wie bei *Dixippus*, die Wirkung eines Reizes von anderen
gleichzeitig auf das Tier einwirkenden Faktoren abhängig. Wenn man
z. B. einen Wasserläufer am Femur eines Beines festhält, und dadurch
Katalepsie eingetreten ist, so kann man oft seine Tarsen berühren, ohne
daß im geringsten eine Reaktion eintritt. Legt man das Tier jedoch mit
dem Rücken auf eine Unterlage und befreit es aus der Pinzette, so bedarf es nur einer leichten Berührung der Tarsen, um die Umkehrreaktion
auszulösen. Auch wenn man ein Tier durch Klopfen auf den Thorax zum
Annehmen der Schutzstellung veranlaßt, sind nur, so lange man diese
Behandlung fortsetzt, katalepsieaufhebende Reize unwirksam. Es wird
also ganz allgemein von zwei gleichzeitig gebotenen Reizen je nach der
Stärke der eine oder der andere die dafür charakteristische Reaktion auslösen, und erst wenn der eine fortfällt, kann man auf sicheren Erfolg des
anderen rechnen.

Während bei *Velia*, wie später noch genauer besprochen werden soll,
eine stärkere mechanische Reizung des Tieres auch eine längere Akinese
zur Folge hat, ließ sich bei *Gerris* ein derartiger Zusammenhang nicht
einwandfrei feststellen. Ich machte zur Untersuchung dieser Frage Versuche mit Weibchen von *Limnotrechus lacustris*, in der Weise, daß ich die
Versuchstiere durch Klopfen auf den Thorax in Katalepsie versetzte, und
einmal mit der Reizung sofort aufhörte, wenn Katalepsie eingetreten war,
dann bei Wiederholung des Versuchs nach einer halben Stunde die
Reizung noch 15 Sekunden nach Eintreten der Katalepsie fortsetzte.
Dies machte ich mit 25 Tieren. Mit weiteren 25 Tieren machte ich es

genau umgekehrt, indem ich sie zuerst durch starke Reizung, dann nach einer halben Stunde durch schwache Reizung in Katalepsie versetzte. Die Daten beider Versuchsserien sind in Tabelle 6 zusammengestellt.

Tabelle 6. Dauer der Akinese in Sekunden.

Bei schwacher Reizung	Bei starker Reizung	Bei starker Reizung	Bei schwacher Reizung
11	16	13	18
4	9	19	22
12	8	5	11
23	19	29	26
1	7	16	13
19	20	24	19
17	14	31	20
8	11	14	13
5	7	7	10
12	8	24	16
16	12	21	16
19	13	29	13
7	4	2	19
21	26	11	14
26	12	13	7
6	9	6	12
11	14	18	16
18	11	23	18
11	3	19	18
13	15	21	20
21	19	5	13
9	16	21	15
13	14	9	10
17	19	14	7
25	17	22	11

Der jeweilige Mittelwert beträgt:

13,8 Sek.	12,9 Sek.	16,6 Sek.	15,1 Sek.

Es tritt also hier kein deutlicher Unterschied zutage.

Wurde ein *Gerris* nach dem Erwachen aus einer künstlich hervorgerufenen Akinese gleich wieder durch Beklopfen des Thorax in Katalepsie versetzt, so nahm durchschnittlich die Dauer der aufeinanderfolgenden Akinesen ab, bis das Tier völlig refraktär wurde oder Anzeichen der Erschöpfung zeigte, in welchem Falle es sich überhaupt nicht mehr zur Bewegung veranlassen ließ. Wurden die zu solchen Versuchen verwandten Tiere am folgenden Tage untersucht, so ließen sich irgendwelche Schädigungen durch den Versuch nicht feststellen. Von zwölf derartigen Versuchen, die ich ausführte, seien für vier die Daten wiedergegeben (Tabelle 7).

Tabelle 7. Dauer aufeinanderfolgender Akinesen in Sekunden.

1.	19	2.	31	3.	12	4.	6
	21		12		10		8
	6		16		9		4
	6		14		2		4
	7		18		10		5
	2		7		5		refraktär
	refraktär		11		13		
			9		4		
			14		refraktär		
			7				
			8				
			7				
			2				
			4				
			2				
			16				
			Erschöpfungszustand				

c) Optische Reize.

Da *Gerris* in erster Linie optisch orientiert ist — Reaktion auf Gehör- oder Geruchsreize habe ich nicht beobachten können — so führt er im beweglichen Zustand lebhafte Fluchtbewegungen aus, wenn sich irgendein größerer Gegenstand ihm nähert. Dagegen ein kataleptisches Tier reagiert, wie gesagt, überhaupt nicht auf optische Reize. Wenn ein Wasserläufer spontan in den kataleptischen Zustand übergeht, so ist nach dem Eintritt der Akinese der Ausfall der Reaktion auf optische Reize das zuerst auftretende Symptom der Katalepsie, erst später treten herabgesetzte Empfindlichkeit gegen mechanische Reize und Flexibilitas cerea ein. Also eine Reaktion auf optische Reize fällt schon aus, bevor man im eigentlichen Sinne von einer Katalepsie sprechen kann. Der Grad der Katalepsie, von dem später noch eingehender die Rede sein soll, läßt sich also aus der fehlenden Erregbarkeit durch optische Reize nicht ersehen.

Dagegen habe ich nie irgendwelche Katalepsiesymptome an einem Tier beobachten können, das auf optische Reize reagierte. Eine Beantwortung derartiger Reize ist also ein sicheres Zeichen dafür, daß sich das Tier in nicht kataleptischem Zustande befindet.

Während *Licht* und *Dunkelheit* bei *Dixippus* die wichtigsten Faktoren für die Auslösung und Aufhebung der Katalepsie sind, ließ sich in dieser Hinsicht bei den Wasserläufern kein Zusammenhang feststellen. Nur insofern richten die Wasserläufer sich nach dem täglichen Lichtwechsel, als sie sich nur am Tage bewegen, in der Nacht sich aber fast ausschließlich ruhig verhalten, denn ihnen fehlt bei Dunkelheit — soweit ich dies meinen Beobachtungen entnehmen kann — auf der Wasserfläche jedes Orientierungsvermögen. Dagegen bei auf festem Boden befindlichen

Tieren konnte ich in allerdings seltenen Fällen auch während der Nacht eine Ortsbewegung beobachten.

Doch steht dieser durch die Lichtverhältnisse bedingte Wechsel zwischen Ruhestand und Bewegung nicht in einer Beziehung zur Katalepsie. Dies zeigte sich in folgender Beobachtung:

Es wurden 20 Wasserläufer (*Limnotrechus lacustris*) in einem großen Aquarium untergebracht und an 3 Tagen zu verschiedener Tageszeit auf Katalepsie untersucht.

Anzahl der kataleptischen Tiere.

23. V. 5.30 Uhr: 6; 10 Uhr 4; 12.30 Uhr: 3; 17 Uhr 5; 20 Uhr: 4.

24. V. 7 ,, 9; 10 ,, 5; 13 ,, 7; 18 ,, 4; 20.30 Uhr: 6; 23 Uhr (rotes Licht): 6.

25. V. 4.30 Uhr: 7; 8 Uhr: 4; 10 Uhr: 7; 12.30 Uhr: 2; 15 Uhr 6; 20 Uhr 4; 22 ,, (rotes Licht): 5.

(Die Temperatur des Zimmers, in dem die Tiere beobachtet wurden, schwankte an den 3 Tagen zwischen 18 und 22°. Versuche im April bei einer Temperaturschwankung zwischen 12—25°, die bei den Versuchen mit Temperatureinflüssen behandelt werden sollen, hatten ein anderes Ergebnis.)

Es zeigt sich, daß hier ein Zusammenhang zwischen dem Auftreten der Katalepsie und dem Lichtwechsel nicht besteht.

Um den *Einfluß der Lichtverhältnisse auf die Dauer* künstlich durch

Tabelle 8.

	Dauer künstlich hervorgerufener Akinesen	
	im Hellen	im Dunkeln
Limnoporus rufoscutellatus ♂	108 Sekunden	155 Sekunden
,, ,, ♂	293 ,,	305 ,,
,, ,, ♀	228 ,,	193 ,,
,, ,, ♀	344 ,,	338 ,,
,, ,, ♀	295 ,,	280 ,,
,, ,, ♀	372 ,,	339 ,,
Limnotrechus lacustris ♂	9 ,,	5 ,,
,, ,, ♂	5 ,,	4 ,,
,, ,, ♂	3 ,,	1 ,,
,, ,, ♂	3 ,,	7 ,,
,, ,, ♀	12 ,,	10 ,,
,, ,, ♀	9 ,,	14 ,,
,, ,, ♀	22 ,,	17 ,,
,, ,, ♀	17 ,,	25 ,,
,, ,, ♀	20 ,,	21 ,,
	1741 Sekunden	1714 Sekunden
Mittelwert für alle Versuche	116 ,,	114 ,,

Klopfen auf den Thorax hervorgerufener kataleptischer Akinesen zu untersuchen, versetzte ich die Versuchstiere abwechselnd im Hellen und im Dunkeln in eine solche Akinese und stellte deren Dauer genau fest. Der Versuch wurde mit den einzelnen Versuchstieren während eines Tages zehnmal gemacht, also fünfmal im Dunkeln, fünfmal im Hellen. Zwischen

43*

jedem Versuch lag ein Zeitraum von mindestens einer halben Stunde. Für jedes Tier wurde dann der Mittelwert für die Dauer der Akinesen bei Tageslicht und für deren Dauer bei Dunkelheit errechnet und in Vergleich gebracht. Dies zeigt Tabelle 8.

Für die je 75 Versuche beträgt der Mittelwert der Akinesedauer im Hellen 116, im Dunkeln 114 Sekunden. Es liegt also *kein* Unterschied vor.

d) Vergleich einiger Beobachtungen mit Angaben Hoffmanns.

Die Angabe HOFFMANNs, daß kataleptische Wasserläufer, die spontan diesen Zustand angenommen haben, mit ausgedehnten Partien ihrer Unterseite den Untergrund berühren, fand ich durchaus bestätigt. Diese Tatsache beobachteten auch die meisten der amerikanischen Autoren, die sich mit der Biologie der Wasserläufer beschäftigten. Sie beschreiben dieses Verhalten als Thigmotaxis, beschränken sich also auf die Feststellung einer Teilerscheinung des kataleptischen Gesamtzustandes, diesen selbst erwähnen sie nicht. So haben schon vor HOFFMANN, ESSENBERG und RILEY auf diese Eigentümlichkeit der Wasserläufer besonders hingewiesen.

HOFFMANN sieht in diesem Berührungsreiz den auslösenden Reiz für die Katalepsie. Wenn nun auch beim kataleptischen Tier die Unterseite dem Untergrund eng angelegt ist, so glaube ich doch, darin nicht die auslösende Ursache dieser Akinese sehen zu dürfen. Man kann bei genauer Beobachtung nämlich feststellen, daß eine solche Berührung nicht in jedem Falle die Katalepsie auslöst. Häufig habe ich gesehen, daß Gerriden lange Zeit an den Pflanzen ihres Aquariums herumkletterten und dabei dauernd diese mit der Unterseite berührten, ohne deshalb in Hypnose zu fallen. Auch sah ich öfters, daß Tiere, die ihren Körper in eine Vertiefung des Untergrundes hineingeschmiegt hatten, trotzdem lebhafte Putzbewegungen mit den Hinterbeinen ausführten. Auch sind Tiere, die vollkommen ruhig mit eng angelegter Unterseite auf einer festen Unterlage sitzen, nicht stets kataleptisch, sondern reagieren manchmal augenblicklich auf optische Reize. Wenn bei wirklich kataleptischen Tieren meist eine weitgehende Berührung mit dem Untergrund zu beobachten ist, so kann dies immerhin die Hypnose verlängern, wie Versuche von HOFFMANN einwandfrei zeigen konnten, mit dem auslösenden Reiz als solchem haben wir es aber dabei nicht zu tun.

Die feine *Behaarung der Unterseite* hat für den Wasserläufer die Bedeutung einer das Klettern erleichternden Einrichtung. Denn wenn das Tier sich aufs Land begibt, so ist nur bei annähernd wagerechter Bodenfläche der Körper vom Untergrunde abgehoben, und auch dann nicht immer, sonst aber liegt er der Unterlage in seiner ganzen Länge auf. Die feinen plüschartigen Härchen verhindern ein Abrutschen des Tieres. Die Mittel- und Hinterbeine, die ja dem Klettern und der Fortbewegung auf dem Lande gar nicht angepaßt sind, führen auch auf dem Lande hauptsächlich nur rudernde Bewegungen aus. Nur das erste Beinpaar macht richtige Kletterbewegungen. Bei den hinteren Paaren ist besonders das Femur beim Weiterschieben wirksam, während Tibia und Tarsen oft den Untergrund gar nicht berühren. Während nun die Beine nach jeder Rückschlagbewegung vorwärts gesetzt werden, halten die Härchen der Unterseite den Körper auf demselben Fleck fest, indem sie sich in jede kleine Unebenheit einschmiegen. Mit Hilfe dieser Einrichtung vermag der Wasserläufer sogar an senkrecht stehenden Gegenständen emporzuklettern.

Auch in der Ruhe kann sich das Tier mit der Behaarung seiner Unterseite festheften. Dies ergibt sich aus der Beobachtung, daß Wasserläufer manchmal an schrägen und annähernd senkrechten Flächen sitzen, ohne diese überhaupt mit den Beinen zu berühren. Z. B. saß ein Tier an einem Grashalm von etwa 70^0 Neigung, der kaum breiter war als sein Körper, die Mittel- und Hinterbeine waren über den Rand des Halms hinausgestreckt, berührten diesen nur leicht mit dem Femur, während die Vorderbeine lebhafte Putzbewegungen ausführten, mit dem Halm also keinen Kontakt hatten. Wenn man längere Zeit einem kletternden *Gerris* zusieht, hat man immer einmal Gelegenheit, eine ähnliche Situation des Tieres zu sehen, bei der alle seine Beine vom Untergrund abgehoben sind, es aber trotzdem nicht herunterfällt. Auch an nicht ganz sauberen Glaswänden der Aquarien vermochten die Wasserläufer emporzuklettern. Man hat geradezu den Eindruck, als ob das kletternde Tier sich mit seiner Unterseite festsaugt.

Wenn nun auch während der Katalepsie ein fester Kontakt des Körpers mit der Unterlage besteht, so mag dies als geradezu selbstverständlich erscheinen. Eine besondere Hervorhebung der Thigmotaxis erübrigt sich wohl, da diese schon rein Voraussetzung für die Kletterbewegung von *Gerris* ist. Ebenso verhindert sie auch während der Katalepsie ein Abgleiten des Tieres. Aber die Rolle eines die Katalepsie *auslösenden* Reizes kann man diesem Kontakt nicht zubilligen.

Nach HOFFMANN sollen hypnotische Erscheinungen sowohl beim Weibchen wie beim Männchen von *Limnotrechus lacustris* während der *Copula* eine Rolle spielen, und zwar sollen beide Partner durch die gegenseitige Berührung in eine Hypnose versetzt werden, die HOFFMANN ihrer biologischen Bedeutung nach mit „*Copulahypnose*" bezeichnet. Da die Wasserläufer sehr häufig kopulieren, hatte ich oft Gelegenheit, diese Angaben nachzuprüfen.

Während der Copula befindet sich das Männchen auf dem Rücken des Weibchens und umklammert dessen Prothorax mit den Vorderbeinen. Mittel- und Hinterbeine streckt es in jeweils verschiedener Haltung seitwärts. Das Weibchen sitzt in der gewöhnlichen Haltung auf dem Wasser.

Es zeigte sich nun bei meinen Beobachtungen, daß die Angaben Hoffmanns doch wohl nur für das Männchen zutreffen, beim Weibchen habe ich nie eine Katalepsie während der Copula feststellen können. Von 80 untersuchten Copulae, von denen ich mir das Verhalten beider Tiere genau notiert habe, konnte ich nie irgendwelche Katalepsiesymptome am Weibchen bemerken. Meist reagierten die Weibchen schon auf optische Reize. Sehr oft sieht man auch, daß die Weibchen, ohne besonders gereizt zu sein, während der Copula herumhüpfen. Auch wenn ich *Drosophila* auf die Wasserfläche streute, so kamen manchmal die in Copula befindlichen Tiere herbei, die Weibchen ergriffen die Beute und begannen ihre Mahlzeit, ganz wie die nicht in Copula befindlichen Tiere, während die Männchen sich vollkommen ruhig verhielten. Dieselbe Beobachtung machte auch William Hoffman an *Trepobates pictus*, einer amerikanischen *Gerris*-Art.

Besonders gut kann man das Fehlen jeglicher Katalepsie während der Copula bei den Weibchen von *Hygrotrechus najas* beobachten. Bei dieser auf schnellfließendem Wasser lebenden Art hält sich das Männchen tagelang auf dem Rücken des größeren Weibchens fest, während dieses durch ständige Schwimmbewegungen, die gegen den Strom gerichtet sind, sich ungefähr an derselben Stelle hält, also während der ganzen Zeit so gut wie gar nicht zur Ruhe kommt.

So oft ich auch sonst bei den von mir untersuchten Wasserläuferarten Gelegenheit hatte, eine Copula zu untersuchen, ich habe nie beim Weibchen Katalepsie beobachtet.

Auch beim Männchen kommt während der Copula nur zuweilen Katalepsie vor, keineswegs immer. Bei den 80 untersuchten Copulae von *Limnotrechus lacustris*, von denen ich, wie gesagt, genaue Protokolle anfertigte, waren die Männchen nur in 29 Fällen kataleptisch, in 51 nicht; d. h. in 35% der Fälle. Auch bei den anderen Arten liegen die Verhältnisse ähnlich.

Nur bei *Hygrotrechus najas*, der ebengenannten auf schnellfließendem Wasser lebenden Art, haben die Männchen während der Copula eine besonders starke Neigung zur Katalepsie. Das Männchen hält sich bei dieser Art während langer Zeit, vielleicht während der ganzen Fortpflanzungsperiode, auf dem Rücken des Weibchens fest. Von Zeit zu Zeit nimmt es eine Begattung vor, ohne zwischen den einzelnen Begattungsakten den Rücken des Weibchens zu verlassen. Sowohl während der Begattung wie in der zwischen den einzelnen Copulae liegenden Zeit läßt sich beim Männchen fast regelmäßig Katalepsie feststellen.

Es kommt auch vor, daß das Männchen während der Copula eine angenäherte Schutzstellung annimmt. So besaß ich ein Männchen von *Limnotrechus lacustris*, das an mehreren Tagen bei der Copula, die es mit verschiedenen Weibchen einging, stets die Mittel- und Hinterbeine in der für die Schutzstellung charakteristischen Weise an den Körper legte, während die Vorderbeine den Prothorax des Weibchens umklammerten.

HOFFMANN ist ferner der Ansicht, daß bei den Wasserläufern auch während des Fressens eine Hypnose eintritt. Er schließt dies daraus, daß es ihm gelang, mehrere an einem toten Artgenossen saugende Wasserläufer mit diesem zugleich aufzuheben und auf den Rücken zu legen, ohne daß sie bei dieser Behandlung irgendwelche Bewegung zeigten. HOFFMANN glaubt also, daß hier eine besondere mit dem Fressen in Beziehung stehende „*Freßhypnose*" vorliege, für die er einen auslösenden Reiz darin sieht, daß von dem Chitin des Beutetieres auf den saugenden Rüssel allseitig ein Druck ausgeübt wird.

Meinen Beobachtungen dagegen ist zu entnehmen, daß zur Annahme einer besonderen Freßhypnose, jedenfalls bei der hier in Rede stehenden Wasserläuferform, keine Veranlassung vorliegt. Denn wenn ein Wasserläufer beim Saugen an einem größeren Insekt in Hypnose fallen soll, weil durch den Druck des Chitins ein Reiz auf seinen Rüssel ausgeübt wird, so müßte dieses doch auch dann eintreten, wenn das Tier ein kleines Insekt auf seinen Rüssel aufgespießt hat und mit sich herumträgt, da auch in diesem Falle derselbe Reiz auf den Rüssel einwirkt. Die Härte des Chitinpanzers kleiner Beutetiere, z. B. von der häufig gefressenen *Microvelia* oder von kleinen Käfern, ist sicher nicht geringer, als die eines verwesenden *Gerris*, an dem HOFFMANN seine Beobachtungen machte. Trotzdem habe ich nie beobachtet, daß ein Wasserläufer, der ein kleines Beutetier angestochen hatte, irgendwie anders reagierte, als ohne dies.

Wenn man nun, wie HOFFMANN dies machte, einen saugenden *Limnotrechus*, der seinen Rüssel fest in das Beutetier eingebohrt hat, an diesem hängend aufhebt, so wird dabei zwar Hypnose ausgelöst, braucht aber nicht schon vorher bestanden zu haben. Denn das Hochheben des an seinem Rüssel hängenden Tieres erkennt man bei genauer Überlegung als ebendenselben Reiz, den der Autor gewöhnlich für die Auslösung der Erfassungshypnose verwandte: Das Ergreifen und Hochheben des Tieres an einer Extremität. Es braucht aber nicht immer das Femur eines Beines zu sein, sondern man kann, wie ich oft beobachtet habe, mit demselben Erfolge das Tier auch am Rüssel ergreifen, häufig gelang der Versuch auch beim Festhalten an den Antennen. Ob nun das Tier mit einer Pinzette am Rüssel ergriffen oder an seiner Beute hängend aufgehoben wird, ist praktisch derselbe Reiz, in beiden Fällen tritt *Erfassungshypnose* ein. Diese steht aber mit dem Fressen als solchem in keiner Beziehung. Daß Tiere, ohne daß sie in dieser Weise hochgehoben wurden, beim Fressen Katalepsie zeigten, habe ich nie beobachten können. Meistens erfolgte bei fressenden Tieren schon auf optische Reize hin Fluchtreaktion. Ein Stillsitzen der Wasserläufer während des Saugens ist ja auch dadurch bedingt, daß sie ein größeres Beutetier nicht, wie es bei einem kleinen geschieht, mit sich herumtragen können.

Zusatz bei der Korrektur: Inzwischen sind zwei Arbeiten von HASE (1932) über die Biologie und über Starrezustände von venezuelanischen Vertretern der Wanzenfamilie *Triatoma* erschienen, in denen auf das Vorkommen von Freßimmobilisationen bei diesen blutsaugenden Formen hingewiesen wird. Die Frage der Freßhypnose gewinnt damit erneutes Interesse.

e) Einordnung der Katalepsie in die Lebensweise der Wasserläufer.

Wie schon an einigen Tatsachen gezeigt, ist der *Lebensraum* der Wasserläufer keineswegs allein die Wasseroberfläche. Im Gegenteil, wenn die Tiere auch wegen ihres hohen Feuchtigkeitsbedürfnisses nur in der Nähe von Gewässern leben können, so halten sie sich doch den größeren Teil des Tages auf festem Boden auf. Von den Wasserläufern eines umgrenzten Wohngebietes sieht man stets nur einen Teil auf der Wasserfläche, eine größere Anzahl hält sich auf den am Ufer stehenden Pflanzen auf, wovon man sich leicht überzeugen kann, wenn man die Uferpflanzen nach dem Wasser zu mit einem Stock abstreicht. Es fallen dann gewöhnlich zahlreiche Gerriden, die auf den Pflanzen saßen, auf die Wasserfläche und suchen oft so schnell wie möglich das Ufer wieder zu erreichen.

Auch im Aquarium kann man leicht feststellen, daß die Tiere den größten Teil des Tages außerhalb des Wassers zubringen. Von 55 Tieren, die sich in einem reichlich mit aus dem Wasser ragenden Pflanzen ausgestatteten Behältnis befanden, wurden die auf dem Wasser sich aufhaltenden Tiere an 2 Tagen im ganzen neunmal gezählt. Ihre Anzahl war:

7   Uhr: 4;   11 Uhr: 13;   17 Uhr: 9;   21.30 Uhr: 6;
0.30 „   8;   4 „   3;   8 „   5;   10   „   3;   19 Uhr: 8.

Es waren also im Höchstfalle 13 Tiere auf dem Wasser, zweimal sogar nur drei, während die anderen an den Glaswänden, an Steinen, besonders gern aber an den Pflanzen herumkletterten oder saßen.

Das Aufsuchen und Verlassen des Wassers ist ebensowenig wie der Eintritt und das Aufgeben der Katalepsie an einen bestimmten Tagesrhythmus gebunden. Wie die eben behandelte Beobachtung zeigt, ist auch während der Nacht, während der ja, wie wir sahen, die Wasserläufer zur Bewegungslosigkeit gezwungen sind, die Anzahl der auf dem Wasser befindlichen Tiere keineswegs geringer, als am Tage. Der freie Wasserspiegel wird freilich während der Dunkelheit von den Wasserläufern geräumt, die auf dem Wasser befindlichen Tiere verankern sich vielmehr mit den Beinen einer Seite an irgendeinem aus dem Wasser ragenden Gegenstand, bleiben jedoch in etwa derselben Zahl auf dem Wasser, wie bei Tage. Ich habe diese Feststellung stets machen können, wenn ich eine Anzahl im Aquarium gehaltener Tiere während der Nacht bei Dunkelheit beobachtete. (Als Lichtquelle diente dabei stets die S. 597 beschriebene Farbfilterlampe.)

Besonders hervorgehoben sei nun, daß bei diesen auf dem Wasser befindlichen Tieren trotz ihrer stundenlangen Akinese nie Katalepsie zu beobachten ist; vielmehr führen diese Tiere, wenn sie irgendwie mechanisch gereizt werden, trotz der Dunkelheit stets lebhafte, allerdings recht ungerichtete Fluchtbewegungen aus.

Auch bei Tage kommt Katalepsie bei auf dem Wasser befindlichen Tieren nicht vor. Auf offenem Wasserspiegel kommt ein Wasserläufer überhaupt nie für längere Zeit zur Ruhe, nur wenn das Tier in einem Aquarium ohne Pflanzen und Steine gezwungen ist, dauernd auf der Wasserfläche zu bleiben, kann man dies beobachten. Sonst tritt auf dem Wasser eben nur dann längere Bewegungslosigkeit ein, wenn das Tier sich mit einem oder mehreren Beinen an einem Gegenstand verankert hat.

Wie wir gesehen haben, ist der *Eintritt* und das *Aufhören der Katalepsie* bei den Wasserläufern im allgemeinen keinem deutlich ausgeprägten Rhythmus unterworfen. Dies liegt sicher, besonders im Aquarium, zum Teil daran, daß diejenigen Außenbedingungen, die, wie wir sehen werden, auf den Zustand der Wasserläufer einen Einfluß haben, keinem bestimmten Wechsel unterworfen sind. Es dürfte wohl kaum möglich sein, einem Tier in der Gefangenschaft alle Umwelteinflüsse, wie Licht, Wärme, Wind, Regen in der natürlichen Kombination zu bieten. Beobachtungen an im Aquarium gehaltenen Tieren können in diesem Zusammenhange also nur als eine Ergänzung von Freilandbeobachtungen angesehen werden.

Im Freien dagegen läßt sich zuweilen, wenn die Außenbedingungen in schneller und ausgeprägter Weise wechseln, auch ein entsprechender *Wechsel* im Verhalten der Wasserläufer konstatieren. Freilich kann ich darüber keine genauen Angaben für einzelne Tiere machen, da es bei der Lebhaftigkeit der Wasserläufer nicht möglich ist, ein einzelnes Tier etwa für die Zeit eines Tages im Auge zu behalten. Ich kann also nur den Eindruck von Gesamtbeobachtungen der Gerriden eines bestimmten Gebietes wiedergeben.

Es ist außerordentlich schwer, ein auf Pflanzen sitzendes Tier zu entdecken, meist kann man sich nur von dem Vorhandensein der Wasserläufer überzeugen, wenn man sie von den Pflanzen auf die Wasserfläche schüttelt. Um die Aussicht zu erhöhen, ein auf Pflanzen sitzendes Tier aufzufinden, vergrößerte ich die *Gerris*-Bevölkerung eines kleinen Grabens dadurch, daß ich mehrere hundert an anderen Orten gefangene Tiere in diesen einsetzte. Es war so bei einigem Suchen immer möglich, an Pflanzen sitzende Wasserläufer anzutreffen und zu untersuchen. Die Tiere blieben, soweit sie ungeflügelt waren, für längere Dauer auf diesem Graben, während die langflügeligen nach einiger Zeit seltener zu werden anfingen, wahrscheinlich hatten die meisten von ihnen, vielleicht wegen Nahrungsmangels, das Gewässer verlassen. Meine Angaben beziehen sich jedoch nicht nur auf Beobachtungen an diesem Graben, sondern ich habe auch ohne eine künstliche Anhäufung der Wasserläufer oft auf Pflanzen sitzende Tiere angetroffen, wenn auch ihr Auffinden mehr vom Zufall abhängig war.

Bei klarem Himmel ist das Bild ungefähr folgendes: Am frühen Morgen, gegen Sonnenaufgang ist die freie Wasserfläche völlig von den Gerriden verlassen. Die meisten sitzen oder klettern an den Uferpflanzen, seltener findet man auch ein Tier, das sich zwischen der Ufervegetation auf dem Wasser aufhält. Untersucht man nun ein solches am frühen Morgen auf einer Pflanze sitzendes Tier, so findet man in der Mehrzahl der Fälle, daß es ausgesprochen kataleptisch ist. Am häufigsten findet man solche kataleptischen Tiere an etwa 3 mm breiten Grashalmen, wenige Zentimeter unterhalb der Spitze. Ganz ausgesprochene Schutzstellung ist dabei nicht häufig, meist sind Tarsen oder auch Tibien um den Rand des Grashalms herumgeschlagen. Die Dauer dieses Zustandes ist eine recht beträchtliche, ich habe Tiere darin bis zu 5 Stunden beobachtet.

Ein Ende fand ihre Akinese dann, wenn die Tiere vom Wind oder von den Strahlen der höher steigenden Sonne getroffen wurden. Der *Übergang zur Bewegung* war ziemlich plötzlich: Nach wenigen zuckenden Bewegungen der Beine ließen die Tiere sich einfach vom Blatt herabgleiten und suchten nach kurzen Putzbewegungen den freien Wasserspiegel auf. Wurden mehrere Tiere gleichzeitig beobachtet, so trat das Erwachen bei allen ungefähr zur selben Zeit ein, was deutlich für die Mitwirkung eines Außenfaktors bei der Aufhebung der Katalepsie spricht.

Etwa 3—5 Stunden nach Sonnenaufgang erreicht die Zahl der auf dem Wasserspiegel befindlichen Wasserläufer ihren Höhepunkt. Doch sind auch während dieser Zeit nicht alle Gerriden auf dem Wasser, einige halten sich immer noch in den Blättern der Uferpflanzen versteckt, und ich habe auch mehrfach in den späteren Vormittagsstunden kataleptische Tiere beobachten können.

Gegen Mittag, wenn die Sonnenhitze groß wird, verschwinden die Wasserläufer wieder nach und nach von der offenen Wasserfläche, besonders im Juni und Juli ist manchmal die freie Fläche ihres Wohngewässers um diese Zeit vollkommen von ihnen geräumt. Ein Teil von ihnen beginnt nun wieder, an den Pflanzen zu klettern, während andere nur solche Stellen aufsuchen, an denen das Wasser von den Uferpflanzen beschattet ist, und sich hier mit den Beinen an aus dem Wasser ragenden Gegenständen verankern. Daß die Wasserläufer die direkten Strahlen der Mittagssonne nach Möglichkeit vermeiden, war schon RILEY, HUNGERFORD und DE LA TORRE-BUENO für den amerikanischen *Gerris remigis* *Say* bekannt.

Erst am späten Nachmittag finden sich die meisten der Tiere wieder auf dem Wasser ein, wo sie dann bis zur Dunkelheit herumlaufen.

Während der Nacht ist die freie Wasserfläche gänzlich von den Wasserläufern verlassen. Zum Teil befinden sie sich wieder auf den Pflanzen, zum Teil haben sie sich nur an diesen verankert, und beginnen erst am nächsten Morgen emporzuklettern. Die Akinese während der Nacht ist ebenso wie am Tage auch nur bei einem Teil der auf fester Unterlage befindlichen Tiere eine kataleptische. Bei vielen von diesen, und auch bei den zwischen den Pflanzen auf dem Wasser befindlichen Tieren erfolgt auf mechanische Reize hin auch bei völliger Dunkelheit sofort Fluchtreaktion.

Dies alles gilt für ruhiges Wetter und unbewölkten Himmel. *Bei Bewölkung* bleiben die Tiere in gleicher Weise wie am Vormittag auch über Mittag auf der Wasserfläche. *Bei Regen oder Wind* jedoch bleiben sie stets im Schutze der Pflanzen, und zwar gehen sie dann etwas weiter als gewöhnlich aufs Land, halten sich ziemlich dicht am Grunde der Pflanzen auf. Sie sind dann außerordentlich schwer zu finden, und bei länger andauerndem Regensturm bekommt man manchmal tagelang keins der Tiere zu Gesicht. Tritt dann besseres Wetter und Windstille ein, so erscheinen sie plötzlich in auffallender Menge wieder auf dem Wasserspiegel.

Abweichend ist das Verhalten der jüngeren Larven, denn diese gehen nur selten an Land, wohl nur bei Regen oder Wind. Auch im Aquarium sind sie fast ausnahmslos auf der Wasserfläche anzutreffen, höchstens klettern sie gelegentlich einmal auf flache Steine hinauf. Auf Pflanzen habe ich Larven der ersten Stadien nie beobachtet, obwohl ich das Verhalten der Tiere daraufhin im Aquarium genauer untersuchte. Auch die älteren Larven halten sich noch weit mehr als die Imagines auf dem Wasser auf, doch gehen sie auch schon ohne durch das Wetter gezwungen zu sein auf das Land.

f) Dauer künstlich hervorgerufener Akinesen.

Da über die Möglichkeit, Katalepsie mit Schutzstellung bei Wasserläufern *experimentell* auszulösen, und über die Dauer solcher Akinesen noch keine Angaben vorliegen, will ich über meine Versuche über diesen Gegenstand etwas ausführlicher berichten. Wie bereits gesagt, erreichte ich die Katalepsie mit gleichzeitiger Schutzstellung bei den Gerriden dadurch, daß ich den Tieren mit einer Pinzette an beliebiger Stelle auf den Thorax klopfte. Der Eintritt der Akinese erfolgte dabei nach sehr verschiedener Zeit. Während bei manchen Tieren ein zweimaliges Klopfen schon ausreichte, mußten andere erst eine halbe Minute lang behandelt werden, oder sie erwiesen sich als völlig refraktär. Solche Unterschiede ließen sich nicht etwa darauf zurückführen, daß der Wasserläufer einmal vor dem Experiment ruhig gesessen, ein anderes Mal erst nach langen Fluchtversuchen eingefangen worden war. Vielmehr handelte es sich um *individuelle Verschiedenheiten in der Reaktionsbereitschaft* gegenüber mechanischen Reizen; denn es zeigte sich, daß bestimmte Tiere bei Wiederholung des Versuchs immer sehr leicht, andere dagegen sehr schwer oder gar nicht sich in Akinese versetzen ließen. Doch konnte auch diese Eigentümlichkeit innerhalb eines längeren Beobachtungszeitraums, etwa von mehreren Tagen, eine Umstimmung in das Gegenteil erfahren.

Die Reaktionsbereitschaft auf katalepsieauslösende Reize ist auch bei den einzelnen *Arten* allgemein eine ganz verschieden große. Während bei *Limnotrechus lacustris* nur mit großer Mühe kurze Akinesen erzielt werden können, gelingt dies bei *Limnotrechus thoracicus* viel leichter, und bei *Limnoporus rufoscutellatus* kommt es überhaupt nicht vor, daß sich ein Tier refraktär zeigt. Auch sind bei dieser Art die Akinesen durchschnittlich 20mal so lang wie bei *Limnotrechus lacustris*.

Auch zwischen den *Geschlechtern* derselben Art ist ein Unterschied zu bemerken. Auffallend groß ist dieser bei *Limnotrechus lacustris*, wo das Männchen eine weit geringere Neigung zur Katalepsie zeigt, als das Weibchen.

Um hierüber etwas Genaueres aussagen zu können, und um überhaupt vergleichbare Werte zu erhalten, war es zunächst erforderlich, für jede Art, und zwar getrennt für Männchen und Weibchen, die Dauer einer größeren Anzahl von kataleptischen Akinesen, die unter gleichen Versuchsbedingungen ausgelöst wurden, festzustellen und daraus für die beiden Geschlechter jeder Art einen Mittelwert auszurechnen.

Die Tiere, die zu diesen Versuchen dienten, wurden getrennt in einzelnen Aquarien untergebracht. Der Versuch wurde nur einmal am Tage mit ihnen ausgeführt, da bei häufiger Wiederholung des Experiments die einzelnen Akinesen durch die vorhergehenden beeinflußt werden können, wie ein bereits besprochenes Versuchsergebnis zeigte.

Zum einzelnen Versuch wurde das Tier aus seinem Behälter herausgenommen, mit dem Rücken nach unten auf ein glattes Brett gelegt und mit einer Pinzette leicht in der Mitte der Thoraxventralseite beklopft. Dies wurde so lange fortgesetzt, bis das Tier keine Abwehrbewegungen mehr machte und die Schutzstellung annahm. Dann wurde es sich selbst überlassen, und die Zeit vom Aufhören des Reizes bis zum Erwachen mit der Stoppuhr genau festgestellt. Als Zeitpunkt des Erwachens wurde meistens der Augenblick gerechnet, indem sich das Tier wieder aus der Rückenlage in die normale Lage zurückdrehte, was meist unmittelbar nach dem Aufgeben der Schutzstellung einzutreten pflegte, oder wenn der Umdrehreflex nicht gleich eintrat, der Zeitpunkt, in dem das Tier in langsamer Bewegung seine Beine um etwa 25° vom Körper entfernt hatte, so daß man nicht mehr von einer Schutzstellung sprechen konnte.

Dieser Versuch wurde mit je 100 Männchen und Weibchen dreier Arten an 3 aufeinanderfolgenden Tagen ausgeführt. Die Mittelwerte aus den drei für jedes einzelne Tier ermittelten Akinesedauern lassen sich nach ihrer Größe und Häufigkeit zu einer Kurve zusammenstellen, die in Abb. 27 wiedergegeben ist.

Aus diesen 100 individuellen Mittelwerten ergeben sich dann als Gesamtmittelwerte für

Limnotrechus lacustris-♂♂ . . . .   5,75 Sekunden
                         ♀♀   18,19   ,,
      ,,   *thoracicus-*♂♂   21,36   ,,
                         ♀♀   29,97   ,,
Limnoporus rufoscutellatus-♂♂   347,45   ,,
                         ♀♀   373,0   ,,

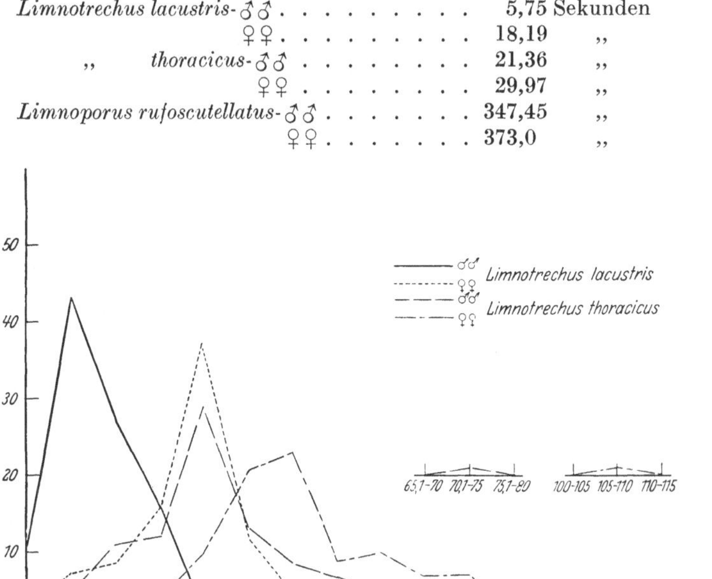

Abb. 27. Graphische Darstellung der Dauer experimentell durch Klopfen auf den Thorax hervorgerufener Akinesen bei *Limnotrechus lacustris* und *Limnotrechus thoracicus*, Männchen und
Weibchen. Näheres im Text.

g) Größe und Katalepsie.

Die Verschiedenheit dieser Werte für die einzelnen Arten und auch
für Männchen und Weibchen der gleichen Art ist nun nicht regellos, sondern es zeigt sich, daß sie in *Zusammenhang mit der Größe der Tiere* steht.
Die geringste Neigung zur Katalepsie zeigt das Männchen von *Limnotrechus lacustris*, das auch gleichzeitig von den untersuchten Formen die
kleinste ist. Dagegen *Limnoporus rufoscutellatus*, die größte Form, zeigt
auch die längsten Akinesen.

Am besten ersieht man das aus einer graphischen Darstellung, in der als
Abszisse der Mittelwert der Längen von 100 Tieren der betreffenden Art einge-
tragen ist, als Ordinate die im vorigen Abschnitt angegebenen Mittelwerte für die
Dauer der Akinesen (Abb. 28a). Die Verbindungslinie der so gewonnenen
Punkte ist eine stets steigende Kurve, wenn auch die Zunahme in der Länge der
Tiere der in ihrer Akinesedauer nicht proportional ist.

Um die Gewißheit zu haben, daß diese Verschiedenheit in der Neigung
zu kataleptischen Akinesen entsprechend der Größe eine allgemeine ist,
und nicht nur bei einer bestimmten Versuchstechnik gilt, führte ich noch
eine zweite Serie von Versuchen aus, bei der ich die von Hoffmann angegebene Methode für ,,Erfassungshypnose" benutzte. Die Tiere wurden

mit einer durch Federkraft schließenden Pinzette von oben am Femur
eines Mittelbeines ergriffen und dann, ohne daß der Griff der Pinzette
gewechselt wurde, mit dem Rücken nach unten auf einen feststehenden
Pappstreifen gelegt. Der Umstand, daß der Druck auf das Bein nicht
mit der Hand, sondern von der Kraft einer Feder ausgeübt wurde,
garantierte dafür, daß der Reiz bei jedem Versuch derselbe war. Wie bei
der vorigen Versuchsserie wurden auch hier die Versuchstiere einzeln gehalten und an 3 aufeinanderfolgenden Tagen je einmal dem Experiment unterworfen.

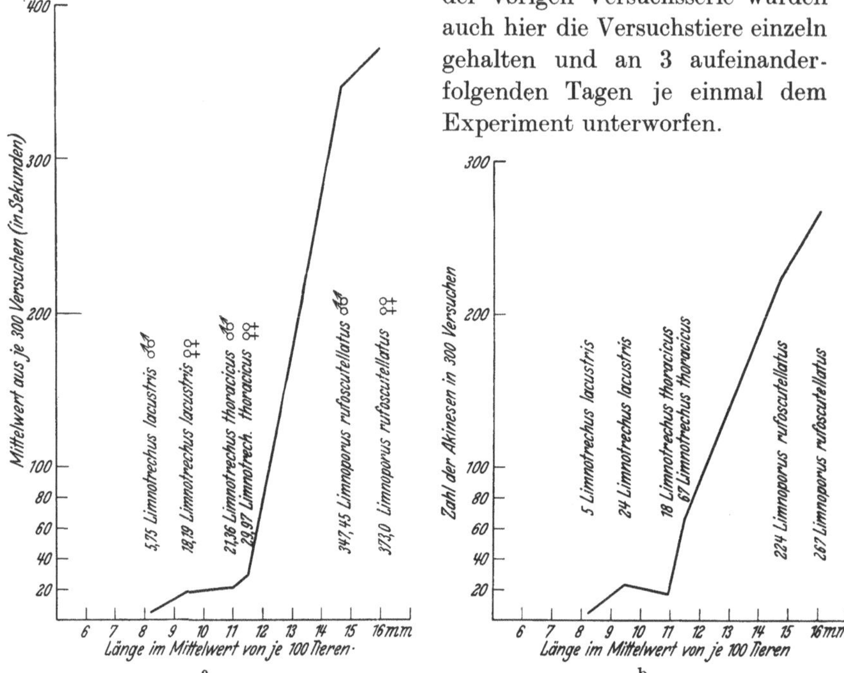

Abb. 28. a Vergleich der durchschnittlichen Akinesedauer mit der durchschnittlichen Länge der
untersuchten Wasserläufer. b Vergleich der Häufigkeit mit Hilfe der Methode für „Erfassungshypnose" ausgelöster Akinesen mit der Länge der Gerriden.

Es wurden dann für jede Form die Anzahl der Tiere festgestellt, die
nach vorsichtigem Entfernen der Pinzette in der Rückenlage liegen
blieben, und derjenigen, die sich gegenüber dieser Methode als refraktär
erwiesen. Abb. 28b zeigt die Resultate dieser Versuchsserie im Vergleich
zur Länge der Tiere. Auch hier zeigt sich wieder eine deutliche Zunahme
der Katalepsiedisposition mit der Größe.

Der Einwand, daß durch stärkere Reize vielleicht nur schwächere Katalepsie
ausgelöst werde, und daß daher — da ein gleicher Reiz bei kleineren Tieren relativ
viel stärker sein muß als bei großen — die hier sich zeigende Verschiedenheit
nach der Größe nur eine Folge der relativ verschiedenen Reizausübung sei, wird
entkräftet durch ein bereits besprochenes Versuchsergebnis, welches zeigte, daß
ein Unterschied in der Katalepsiebeantwortung stärkerer und schwächerer Reize
nicht besteht. Höchstens könnte man noch an Heraufsetzung der Katalepsie-

dauer durch stärkere Reize denken, wie das bei *Velia* in der Tat der Fall ist. Eine solche Möglichkeit wäre durch das Ergebnis der betreffenden Versuche nicht gänzlich ausgeschlossen, bleibt aber doch unwahrscheinlich.

h) Die Katalepsie der Gerris-Larven.

Die *Gerris*-Larven zeigen schon bei oberflächlicher Beobachtung eine weit geringere Neigung zur Katalepsis als die Imagines. Eine Schutzstellung konnte ich bei keinem der Larvenstadien erreichen, auch auf Beklopfen des Thorax hin nahmen die Tiere nur die für die Erfassungshypnose der Imagines charakteristische Stellung ein. Nur in zwei Fällen beobachtete ich beim letzten Larvenstadium (*Limnotrechus lacustris*) eine Andeutung der Schutzstellung: Erstes und zweites Beinpaar waren wie

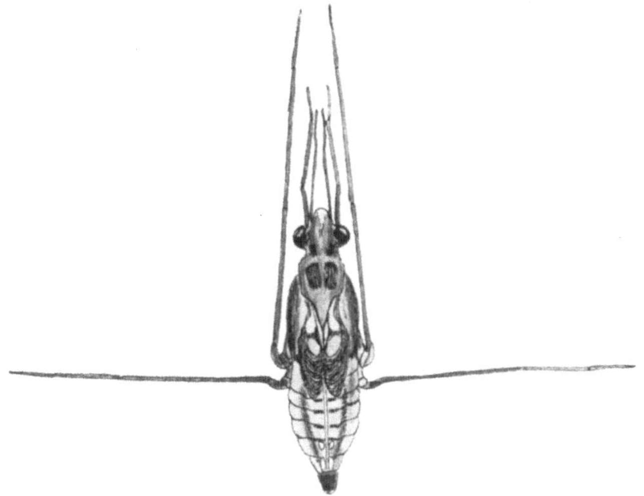

Abb. 29. Angedeutete Schutzstellung bei einer Larve im 5. Stadium von *Limnotrechus lacustris*.

bei den Imagines nach vorn an den Körper gelegt, doch war das dritte Beinpaar senkrecht vom Körper fortgestreckt (Abb. 29).

Von den beiden Tieren, an denen diese Stellung auftrat, zeigte eins sie nur an einem Tage, war dagegen an den beiden folgenden nicht mehr dazu zu bringen. Das andere nahm diese Stellung stets auf den Klopfreiz hin an, so oft ich an 2 Tagen den Versuch mit ihm ausführte; am dritten Tage häutete es sich zur Imago.

Während bei älteren Larven die Akinese sich schon deutlich als Katalepsie ansprechen läßt, ist dies bei künstlich hervorgerufenen Ruhezuständen des 1.—3. Larvenstadiums nicht einwandfrei möglich. Denn einmal ist es recht schwer, diese Tiere in Akinese zu versetzen, da man wegen der weichen Konsistenz ihres Chitins nur ganz schwache mechanische Reize anwenden kann, und ferner kann man wegen der Kleinheit der Tiere, auch wenn man eine Lupe zur Hilfe nimmt, nur schlecht den

Zustand ihrer Muskulatur und ihre Reizerregbarkeit untersuchen. Jedenfalls will ich nicht behaupten, daß alle Akinesen, die ich bei diesen Tieren erreichte, kataleptischer Art waren. In vielen Fällen war dies sicher der Fall, in anderen Fällen schien jedoch auch die Erschöpfung der Tiere bei ihrer Akinese eine Rolle zu spielen, besonders dann, wenn sie lange Zeit Fluchtversuche gemacht hatten. In diesem Falle waren bei der Akinese keine Katalepsiesymptome zu beobachten. Wenn ich also hier genauere Daten für die Akinese bei *Gerris*-Larven gebe, so ist darunter nur zum Teil ein kataleptischer Zustand zu verstehen, in einigen Fällen mögen die Tiere sich auch aus Erschöpfung bewegungslos verhalten haben. Es handelt sich also nur um Angaben der Katalepsiedauer im Maximum.

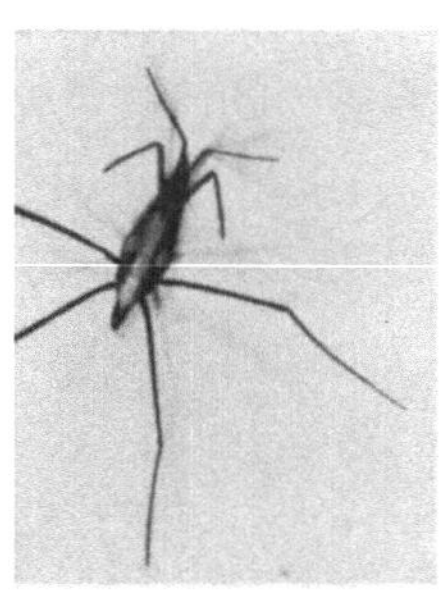 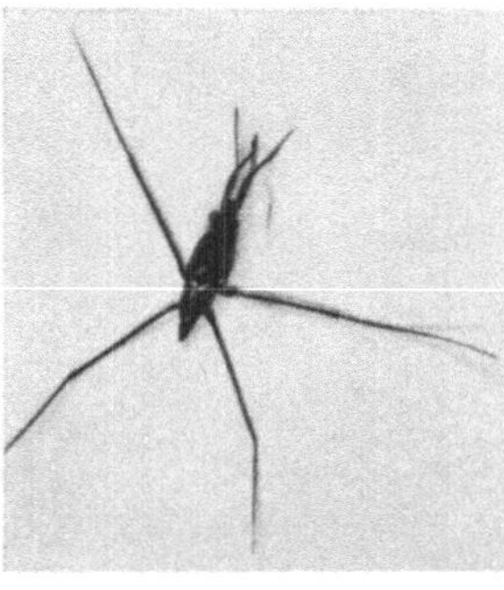
a   b

Abb. 30. *Limnotrechus lacustris*, letztes Larvenstadium, in durch Klopfen auf den Thorax ausgelöster Katalepsie, a in Rückenlage, b in Bauchlage.

Versuche zur Feststellung der Dauer künstlich hervorgerufener Akinesen wurden mit den verschiedenen Larvenstadien von *Limnotrechus lacustris* ausgeführt. Ebenso wie bei der entsprechenden Versuchsserie mit Imagines diente als katalepsieauslösender Reiz Beklopfen des Thorax bei Rückenlage des Tieres. Um die Versuchstiere nicht durch zu starken Druck zu schädigen, wurde bei Versuchen mit den drei ersten Larvenstadien zum Klopfen nicht eine Pinzette, sondern ein in einem Holzgriff befestigtes *Pferdehaar* verwandt. Die Larven wurden auch einige Tage nach den Versuchen isoliert gehalten und beobachtet, und in dem Fall, daß sie sich irgendwie durch die Versuche geschädigt zeigten, was bei der weichen Beschaffenheit ihres Körpers leicht eintreten kann, bei der Auswertung der Versuche nicht mitgerechnet. Beim 4. und 5. Larvenstadium wurden die Tiere ebenso wie die Imagines mit einer Pinzette behandelt. 200 Tiere jedes Stadiums wurden geprüft, und zwar jedes Tier dreimal. Die Ergebnisse zeigt Abb. 31.

Die Mittelwerte für die Dauer der Akinese betragen:

<pre>
1. Larvenstadium . . . .   2,88 Sekunden
2.   ,, ...   3,04   ,,
3.   ,, ...   2,97   ,,
4.   ,, ...   5,13   ,,
5.   ,, ...   6,10   ,,
Imago 12,02   ,,
</pre>

Es zeigt sich, daß die Katalepsiedauer mit dem Alter steigt. Wenn bei den ersten Larvenstadien ein Längerwerden der Akinesen nicht deutlich festzustellen ist, so mag dies daran liegen, daß der Unterschied zu gering ist, um bei der hier angewandten Versuchsmethode zum Ausdruck zu kommen. Bei den beiden letzten Larvenstadien tritt jedenfalls eine deutliche Zunahme in Erscheinung. Dabei bleibt aber die Dauer der Akinesen bei diesen Stadien immer noch hinter derjenigen der Imagines zurück.

i) Einfluß der Wärme.

Mit Hilfe desselben Durchspülungsobjekttisches, den ich zu Wärmeversuchen mit Stabheuschrecken verwandte, untersuchte ich auch die Wirkung der Wärme auf die Katalepsie von *Gerris*. Wie zu erwarten, hob eine Temperatur von 30° C nach wenigen Sekunden die Katalepsie eines auf den warmen Objekttisch gelegten Tieres auf, auch war es nicht möglich, auf dieser Unterlage ein Tier durch Beklopfen in Katalepsie zu versetzen. Bei 46° trat Wärmestarre ein, wenn das Tier gezwungen wurde, längere Zeit auf der warmen Unterlage zu bleiben.

Auch spontan in Katalepsie verfallene Tiere erwachen bei Heraufsetzung der Temperatur, und darauf beruht sicher die schon

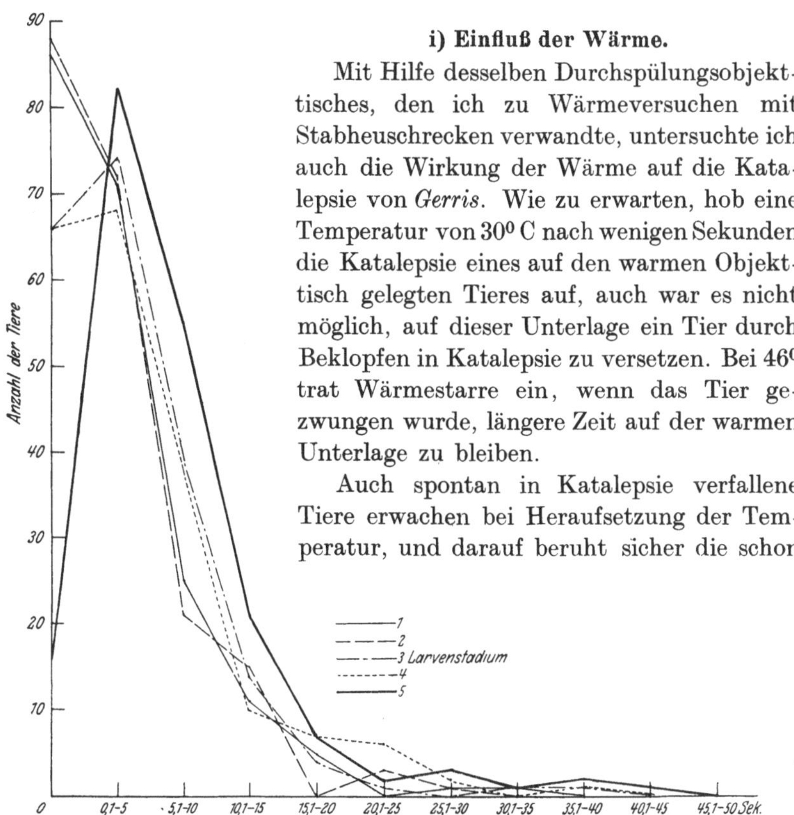

Abb. 31. Graphische Darstellung der Dauer experimentell durch Klopfen auf den Thorax hervorgerufener Akinesen bei den Larvenstadien von *Limnotrechus lacustris*.

erwähnte Tatsache, daß im Freien die Wasserläufer bald ihre Akinese aufgeben, wenn sie direkt von Sonnenstrahlen getroffen werden. Ob hier eine Licht- oder Wärmewirkung vorliegt, prüfte ich an Tieren im Aquarium durch Bestrahlung mit der Solluxlampe. Wurde ein Wasserfilter eingeschaltet, so hatte die Bestrahlung keine Wirkung. Fehlte das Filter, so erwachten die Tiere, sobald die Temperatur ihrer Umgebung infolge der jetzt ungehinderten Wärmestrahlung der Lampe auf 25—30° C stieg, wobei diese Temperaturen an einem neben den Tieren befestigten

Thermometer abgelesen wurden. Die Versuche wurden am Morgen mit 4,2, 3,2 an Grashalmen sitzenden Tieren angestellt. *Die katalepsieaufhebende Wirkung der Sonnenstrahlen beruht also auch hier nur auf deren Wärmewirkung.*

k) Einfluß tiefer Temperatur.

Die Widerstandsfähigkeit gegen plötzliche Temperatursenkung ist im Verhältnis zu der von *Dixippus* sehr gering. Bringt man einen *Gerris* aus einer Temperatur von 12^0 C plötzlich in eine solche von $+1^0$, so genügt schon 1 Stunde Aufenthalt unter diesen Temperaturbedingungen, um das Tier zu töten. Bei ganz langsamem Fallen der Temperatur ist die Empfindlichkeit keine so große, was schon deswegen zu vermuten war, weil die Wasserläufer bei ihrem Winterschlaf im Freien doch sicher Temperaturen von unter 0^0 ausgesetzt sein dürften.

Wurden die Tiere längere Zeit bei einer Temperatur von unter $+6^0$ C gehalten, so traten deutliche Erscheinungen der *Kältestarre* auf. Eine künstliche Auslösung der Schutzstellung war nicht mehr möglich.

Eine Verlängerung künstlich hervorgerufener Akinesen bei einer Temperatur zwischen 6 und 10^0 ließ sich nicht nachweisen. Dies ergab sich aus folgender Versuchsreihe:

Die Versuchstiere wurden einmal in einem Zimmer von $18—20^0$ Temperatur durch Klopfen auf den Thorax in Katalepsie versetzt und deren Dauer festgestellt, dann nach etwa einer halben Stunde ein zweites Mal in einem Raum von $6—10^0$. Der Versuch ergab für 15 Männchen von *Limnotrechus lacustris*:

Dauer der Akinesen in Sekunden:

Im warmen Raum	3	5	0	6	9	4	6	0	1
„ kalten „	0	9	13	2	0	7	8	0	4
Im warmen Raum	6	8	9	3	6	12			
„ kalten „	5	5	0	7	6	4			

Mittelwert: Im warmen Raum . . . . 5,2 Sekunden
　　　　　　　„ kalten　„ . . . . 4,7　„

Für 15 Weibchen von *Limnotrechus lacustris* ergab der gleiche Versuch:

Dauer der Akinesen in Sekunden:

Im warmen Raum	11	7	18	13	5	9	16	21	13
„ kalten „	5	8	13	24	7	12	13	19	4
Im warmen Raum	17	2	18	11	15	17			
„ kalten „	24	13	8	17	29	21			

Mittelwert: Im warmen Raum . . . . 12,84 Sekunden
　　　　　　　„ kalten　„ . . . . 14,5　„

Ein Einfluß der niedrigeren Temperatur ließ sich in diesen Versuchen nicht feststellen. Denn wenn in diesen Versuchen die Akinese bei den Weibchen in der niedrigen Temperatur durchschnittlich etwas länger ist als in der höheren, so ist das Verhältnis bei denselben Versuchen mit

Männchen gerade umgekehrt, und beidemal ist etwa gleicher Unterschied (etwa $^1/_{10}$). Doch zeigen Tiere, die in beweglichem Zustand in einen Raum von dieser Temperatur gebracht werden, eine *erhöhte Neigung zur spontanen Katalepsie*. Wird die Temperatur des Aufenthaltsraumes längere Zeit zwischen 7 und 10^0 gehalten, so zeigen die Wasserläufer nur ganz selten spontane Bewegung, meist sitzen sie in ausgesprochen kataleptischem Zustande an den Gegenständen ihres Behälters. Symptome der Kältestarre fehlen dabei noch vollständig, auf mechanische Reize, die geeignet sind, die Katalepsie aufzuheben, reagiert das Tier stets mit Fluchtbewegung.

Niedrige Temperatur ist überhaupt einer der wichtigsten Reize für die Auslösung der Katalepsie. Schon im normalen Tageszyklus fällt die große Anzahl der kataleptischen Tiere am frühen Morgen auf, also zur Zeit der tiefsten Tagestemperatur. Doch zeigt sich ein bestimmtes Maximum der Katalepsiefälle nur dann im normalen Tageszyklus, wenn in ihm auch der Wechsel der Temperatur ein sehr ausgesprochener ist. Während im Mai ausgeführte Beobachtungen keinen bestimmten Einfluß der Tageszeit auf die Katalepsie der Wasserläufer zeigten, kam ein solcher bei Beobachtungen im April, bei denen sich die beobachteten Wasserläufer in einem Zimmer befanden, das täglich geheizt wurde, und dessen Temperatur zwischen 25 und 12^0 C schwankte, sehr deutlich zum Ausdruck. Die Anzahl der zu den verschiedenen Tageszeiten in Katalepsie befindlichen Tiere bei dieser Beobachtung an 20 Tieren zeigt Tabelle 9.

Tabelle 9.

0.30 Uhr: 5;	6 Uhr: 11;	10 Uhr: 6;	12 Uhr: 3;	17 Uhr: 4;
	18 Uhr: 2;	23 Uhr: 3.		
5 Uhr: 9;	7 Uhr: 9;	11 Uhr: 4;	16.30 Uhr: 5;	23 Uhr: 4;
	6 Uhr: 12;	10.30 Uhr: 9;	15 Uhr: 3.	

Die Höchstzahl der kataleptischen Tiere (11, 12 Tiere) wird zur Zeit niedrigster Temperatur, nämlich um 6 Uhr erreicht. Während des übrigen Tages, also bei höherer Temperatur, ist die Anzahl der kataleptischen Tiere stets geringer.

Auch die Tiefe der Katalepsie, d. h. der Grad der Ausprägung aller ihrer Symptome, scheint bei tieferer Temperatur zuzunehmen. Besonders im Herbst hat man gute Gelegenheit, dies im Freien zu beobachten. Beispielsweise war an einem kalten Morgen gegen Ende Oktober, an dem sich die ersten Spuren von Eis auf den Gewässern zeigten, auf einem Tümpel, auf dem sich sonst sehr viele Gerriden aufzuhalten pflegten, keins der Tiere zu erblicken. Doch fiel beim Abstreifen der Uferpflanzen mit einem Stock eine ganze Anzahl aus diesen heraus auf die Wasserfläche. Wenn man ein kataleptisches Tier aufs Wasser wirft, so hat dies im Sommer regelmäßig sofortiges Erwachen zur Folge. In diesem Falle erwachten jedoch nur wenige der Tiere, die meisten blieben völlig regungslos auf der Wasserfläche liegen, so daß ich 24 von ihnen ohne Netz einfach mit einem Stock herausheben konnte. Auf stärkere mechanische Reize, wie Kneifen der Tarsen mit einer Pinzette, reagierten die meisten mit Fluchtbewegungen, einige jedoch erst, nachdem sie mit der warmen Hand in Berührung gekommen waren, ein Zeichen dafür, daß sie sich zum Teil schon in Kältestarre befanden. Als es am Nachmittag desselben Tages etwas wärmer wurde, war der Tümpel bald wieder mit Wasserläufern bevölkert, die in normaler Weise ihre Jagd ausübten.

Auch noch anfangs November traf ich die Tiere bei tieferer Temperatur stets nahe dem Wasser auf Pflanzen sitzend an, bei wärmerem Wetter immer auf der Wasserfläche. Besonders die Larven im letzten Stadium, von denen es um diese Zeit noch eine ganze Anzahl gibt, begeben sich aufs Wasser, wenn immer das Wetter es zuläßt.

Erst gegen Mitte November wurden die Tiere auf den Pflanzen seltener. Dagegen fand ich einige in Fallaub, das sich dicht neben dem Tümpel angehäuft hatte oder auch direkt auf dem Wasser schwamm. Die Wasserläufer hatten sich mehrere Zentimeter tief in das Laub vergraben, erwachten aber stets, wenn sie mechanisch gereizt wurden, woraus sich schließen läßt, daß es sich bei ihrer Akinese um Katalepsie, nicht um Kältestarre handelt.

Auch nachdem ich ungefähr 14 Tage keine Wasserläufer mehr auf der freien Wasserfläche angetroffen hatte, erschienen sie an einem warmen Tage, dem 25. XI., wieder in großer Anzahl auf dem Tümpel. Am Nachmittag des nächsten Tages waren alle wieder verschwunden, und ich habe seit diesem Tage in den nächsten 4 Monaten nie mehr Wasserläufer im Freien auf dem Wasser beobachten können. Sie hatten vielmehr endgültig ihre Winterquartiere aufgesucht.

Die Wasserläufer in ihrem Winterschlupfwinkel zu finden, ist außerordentlich schwer. Ich habe nur in der Nähe eines Tümpels (in der Nähe der Försterei Elisenhain bei Greifswald), der während des ganzen Jahres eine auffallend starke *Gerris*-Bevölkerung zeigte, mit Erfolg nach ihnen gesucht. Wenn ich bei tagelangem Suchen nur ganz wenige Tiere fand, so mag das daran liegen, daß man sie zwischen Laub und Wurzelwerk ihrer Farbe und Gestalt wegen nur zu leicht übersieht, so daß es mehr ein glücklicher Zufall ist, wenn man einmal ein Tier entdeckt. Die von mir gefundenen Tiere befanden sich etwa 1—5 m vom Ufer des Teiches entfernt unter einer ungefähr 3 cm dicken Schicht von Fallaub. Sie wurden stets einzeln gefunden, Winterschlafgemeinschaften, wie sie für die amerikanischen Arten beschrieben werden, habe ich nie angetroffen. Ob die Tiere sich zur Überwinterung weiter vom Wohngewässer entfernen, wie dies von RILEY für *Gerris rufoseutellatus* angegeben wird, vermag ich nicht zu sagen. Jedenfalls blieben Nachsuchen in der weiteren Umgebung des betreffenden Tümpels stets ohne Erfolg.

Ich habe im Dezember und Januar im ganzen 8 Tiere in der Nähe dieses Tümpels gefunden (alle *Limnotrechus lacustris*). Davon 1 am 5. XII., 1 am 8. XII., 3 am 12. XII., 2 am 19. XII., 1 am 18. I.

Einige von diesen Tieren befanden sich beim Auffinden in mehr oder weniger deutlicher Schutzstellung, nur waren dabei die Mittelbeine im Kniegelenk eingebogen. RILEY beobachtete diese Stellung an dem winterschlafenden *Gerris remigis* und deutet sie so, daß dem Tier durch dieses Anziehen der Beine besser ermöglicht werde, in kleine Zwischenräume der Blätter einzudringen.

Wurden die im Winterschlaf gefundenen Tiere unter Zimmertemperatur gebracht, so zeigten sie ganz dasselbe Verhalten wie in der wärmeren Jahreszeit. In einem Raum von 6—14⁰ C Temperatur gingen sie bald wieder zum Winterschlaf über, wozu sie an den Steinen ihres Aquariums emporkletterten und sich in Vertiefungen an diesen hineindrückten.

Genau dasselbe Verhalten zeigten auch Tiere, die seit Oktober in diesem Raum gehalten wurden. Bis Mitte November fiel die Temperatur ihres Zimmers kaum unter 10⁰ und die Tiere zeigten nur stärkere Neigung zur spontanen Akinese, auch interessierten sie sich nur wenig für Futterinsekten, die ich ihnen auf die Wasserfläche streute. Von Ende November ab fiel die Temperatur des Zimmers oft für längere Zeit unter 10⁰ und die Tiere saßen fast stets auf Steinen, nur selten suchte einmal eins den Wasserspiegel auf. Auch hatte sich eine große Anzahl von ihnen unter Laub versteckt, das ich ihnen zu diesem Zwecke gegeben hatte.

Aus Versehen wurde der Raum mit diesen Wasserläufern Mitte Dezember an drei aufeinanderfolgenden Tagen geheizt, so daß seine Temperatur über 20⁰ stieg. Sofort suchten alle Tiere den Wasserspiegel auf und zeigten dasselbe Verhalten wie im Sommer: Sie begannen mit Beutefang und Kannibalismus, ja, sie schritten sogar zur *Fortpflanzung*. Copulae konnte ich an diesen Tagen mehrfach beobachten. Als darauf die Heizung wieder abgestellt wurde und die Temperatur wieder auf ihren vorherigen Stand zurücksank, begaben sich auch die Wasserläufer wieder zur Ruhe. Doch starben nun innerhalb der nächsten 14 Tage die meisten der Tiere, wahrscheinlich war in der kurzen Aktivitätsperiode ihr Stoffwechsel stark heraufgesetzt gewesen, ihre Reservestoffe zu sehr verbraucht, um ihnen eine Winterruhe zu ermöglichen.

Auch Eiablage hatte in diesen 3 Tagen stattgefunden, denn Mitte Januar zeigte sich auf der Wasserfläche des Aquariums eine Anzahl frisch geschlüpfter Larven. Daß die Wasserläufer unmittelbar aus der Winterruhe zur Fortpflanzung übergehen können, ist nicht verwunderlich, denn auch im Frühjahr beginnen sie sogleich nach dem Verlassen der Winterquartiere mit dem Fortpflanzungsgeschäft. Die Aufzucht der Jungtiere gelang mir übrigens nicht, wahrscheinlich weil in den Wintermonaten die Helligkeit eine zu geringe war, um den Tieren in ausreichendem Maße einen Nahrungserwerb zu gestatten. Doch konnte ich von *Velia*, die unter denselben Bedingungen auch zur Fortpflanzung geschritten war, einige Larven bis zur Imago großziehen.

Ob das durch niedrige Temperatur bedingte häufige Eintreten der Katalepsie eine ökologische Bedeutung hat, insofern, als bei der Katalepsie der Stoffwechsel der Tiere herabgesetzt sein könnte, ließ sich experimentell nicht erweisen. Denn der Sauerstoffverbrauch der Wasserläufer ist so gering, daß man ihn auch für längere Beobachtungszeit kaum nachweisen kann, geschweige denn einen quantitativen Unterschied an ihm feststellen. In dem Respirationsmanometer nach KROGH, in welchem die Luft durch Zusatz von Natronkalk absolut trocken ist, gehen die Wasserläufer oft schon nach einer halben Stunde, offenbar an mangelnder Feuchtigkeit, ein.

l) Lokalisation des Katalepsiezentrums.

Das Zentrum der Katalepsie ließ sich bei Wasserläufern nur angenähert ermitteln, da Exstirpationsversuche am Nervensystem wegen dessen Kleinheit und ungewöhnlich starker Konzentration die größten Schwierigkeiten bieten. *Der Grad der Verschmelzung der einzelnen Teile des Zentralnervensystems hat bei Gerris die höchstmögliche Stufe erreicht.* Denn während bei dem größten Teil der bisher daraufhin untersuchten Wanzenarten die unter dem Ösophagus gelegenen Teile des Zentralnervensystems zu *einem* Knoten verschmelzen, sind hier auch noch Ober- und Unterschlundganglion in breiter Fläche miteinander verwachsen, so daß zwischen beiden nur ein schmales Rohr für den Durchtritt des Ösophagus übrigbleibt. Es sind also Ober- und Unterschlundganglion, Thorakal- wie Abdominalganglien zu einer einzigen länglichen Masse verwachsen.

Über die Anatomie des Zentralnervensystems der Wasserläufer ist mir nur eine Arbeit von BRANDT aus dem Jahre 1878 bekannt, deren Angaben aber so ungenau sind, daß sich Exstirpationsversuche danach nicht ausführen ließen. Ich habe daher die Anatomie des Nervensystems an Aufhellungspräparaten[1] und Schnitten[2] untersucht, will aber, da dieselbe ja nicht zum Gegenstand dieser Arbeit gehört, die Verhältnisse nur in zwei Skizzen, einer Dorsal- und einer Seitenansicht des Gehirns, wiedergeben (Abb. 32 und 33).

Genauere Angaben über die Anatomie des Wasserläufergehirns sollen in einer besonderen Abhandlung demnächst folgen.

Besonders bemerkenswert ist hier, daß vom Protocerebrum nur die Lobi

---

[1] Fixierung nach CARNOY, Entfernung des Chitins mit Diaphanol, Aufhellung mit Nelkenöl.

[2] Fixierung nach CARNOY, Entfernung des Chitins mit Diaphanol oder durch Abschneiden mit einem Messer von dem in Paraffin eingebetteten Objekt, Färbung mit Hämatoxylin-Eosin.

optici im Kopf selbst liegen, während die anderen Teile ihren Platz im Prothorax haben. Die Corpora pedunculata liegen dorsal am Hinterende des Oberschlundganglions. Schlundkonnektive im eigentlichen Sinne sind nicht ausgebildet, vielmehr grenzen Ober- und Unterschlundganglion in breiter Fläche aneinander, der Ösophagus geht durch den so gebildeten Gehirnkomplex wie in einem Rohr hindurch. Das Verschmelzungsprodukt von Unterschlundganglion, Thorakal- und Abdominalganglien bildet eine zusammenhängende Masse, die bis in den Mesothorax hineinreicht.

Bei *Dekapitation* werden also vom Gehirn lediglich die Lobi optici entfernt. Es ist auch bei einem geköpften Tier nicht allzuschwer, die kataleptische Schutzstellung durch Klopfen auf den Thorax zu erreichen. Die Lobi optici spielen also beim Zustandekommen der Katalepsie keine wesentliche Rolle. Doch kann man die Schutzstellung gleich nach der Operation nicht immer, und dann auch nur angenähert und für kurze

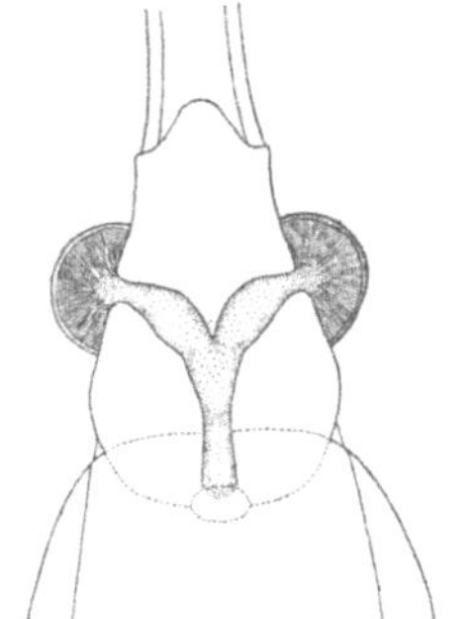

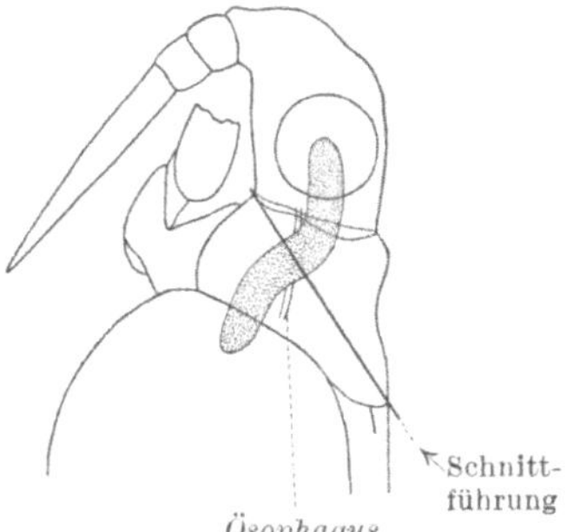

Abb. 32. Schematische Darstellung des Gehirns von *Gerris*. Von der Rückenseite gesehen.

Abb. 33. Schematische Darstellung, von der Seite gesehen. Schnittführung bei Dekapitationsversuchen. Erklärung im Text.

Zeit auslösen, wahrscheinlich, weil zunächst noch die von der Operationsstelle ausgehende Erregung eine zu starke ist. Am besten gelingt das Experiment etwa 5 Stunden nach der Dekapitation. Freilich ist es nicht möglich, ein geköpftes Tier längere Zeit am Leben zu halten, denn da es keine Flüssigkeit aufnehmen kann, geht es sehr bald an Verdursten zugrunde (in trockner, warmer Luft sterben gesunde Tiere manchmal schon in einer halben Stunde, wenn sie keine Gelegenheit zum Trinken haben). Im Höchstfall lebte ein Tier noch 14 Stunden nach der Operation. Doch kann durch starken Blutverlust bei der Dekapitation der Tod auch ganz kurz nach der Operation eintreten.

Wird das Oberschlundganglion in der Gegend der *Corpora pedunculata* durch Einstechen einer Nadel verletzt, so zeigt sich keine exakte Reaktion auf katalepsieauslösende Reize mehr. Doch kam es gelegentlich vor, daß auf Beklopfen des Thorax hin so operierte Tiere für eine Zeit von weniger als 1 Sek. mit den Beinen die Schutzstellung andeuteten. Doch war die Operationsmethode zu ungenau, um eine sichere Zerstörung der betreffenden Gehirnteile zu gewährleisten.

Besser war dies schon möglich bei einer Dekapitation mittels der in Abb. 45 gezeigten Schnittführung. Es wird dabei mit ziemlicher Wahrscheinlichkeit das gesamte Oberschlundganglion entfernt. Nur war die Sterblichkeit der so operierten Tiere sehr groß, nur ganz wenige blieben einige Zeit (bis zu 9 Stunden) am Leben. Diese Tiere zeigten nie mehr ein katalepsieähnliches Verhalten, doch legten auch einige von ihnen manchmal auf Beklopfen des Thorax hin die Beine für Augenblicke in der für die Schutzstellung typischen Weise an den Körper.

Die unter dem Ösophagus liegenden Teile des Zentralnervensystems scheinen also auch eine gewisse Rolle bei der kataleptischen Schutzstellung zu spielen, wenn auch typische Katalepsie beim Fehlen des Oberschlundganglions nicht mehr möglich ist. *Als Hauptzentrum der Katalepsie dürfte somit das Oberschlundganglion anzusehen sein.*

Dieses Ergebnis erinnert an das der Versuche von HOLMES mit *Ranatra*. Bei dieser befindet sich nur das Oberschlundganglion im Kopf, während das Unterschlundganglion weit in den Prothorax verlagert ist. HOLMES beobachtete nun an dekapitierten Tieren, daß auch bei ihnen der für *Ranatra* typische Totstellreflex in allerdings stark herabgeminderter Dauer auftrat. Auch war bei diesen Tieren die Reizerregbarkeit eine viel größere als bei normalen. Doch zeigte der Dekapitationsversuch immerhin, daß das Zentrum der Katalepsie nicht lediglich auf das Oberschlundganglion beschränkt ist. (Ich habe diesen Versuch an einem Tier wiederholt, mit demselben Ergebnis.)

m) Biologische Bedeutung der Katalepsie.

Wer es einmal versucht hat, eine Anzahl von Wasserläufern aus einem größeren mit Pflanzen bestandenen Aquarium herauszufangen, der kann sich ein Bild davon machen, wie schwer im Freien ein an Pflanzen sitzender *Gerris* aufzufinden ist. So auffällig das Tier auf dem Wasser ist, so unauffindbar wird es auf dem Lande. Bei meinen Zuchten war es manchmal nötig, eine Anzahl von Tieren aus einem Aquarium in ein anderes umzusetzen, etwa wenn junge Larven geschlüpft waren und vor der Raubgier der Imagines geschützt werden mußten. Wenn ich dann auch alle Pflanzen ausschüttelte, alle Ecken des Aquariums und alle Hohlräume zwischen den Steinen gründlich nachsah, so liefen fast immer am nächsten Tage doch noch einige Tiere auf dem Wasser umher, die ich beim Suchen übersehen hatte. Auch wenn ich an mehreren Tagen nacheinander alle Gegenstände in dem betreffenden Aquarium nach Wasserläufern absuchte, nie hatte ich die Sicherheit, daß tatsächlich nun auch der letzte aus dem Behälter entfernt war. Ja, einmal tauchte in einem Aquarium mit jungen Larven ein Tier auf, 6 Tage nachdem ich alle Imagines entfernt zu haben glaubte, obwohl ich das Aquarium täglich beobachtet hatte, und ein Eindringen des Tieres von außen ausgeschlossen war. Die Wasserläufer sind also für den Menschen in der Umgebung von Pflanzen geradezu unsichtbar zu nennen.

Sicher spielt bei diesem Verborgenbleiben der Wasserläufer auch ihre Katalepsie eine Rolle, weil sie verhindert, daß die Tiere auf optische Reize hin die Flucht ergreifen, was sie sofort dem Beobachter verraten würde. Auch die bei der Katalepsie herabgesetzte Empfindlichkeit gegen Berührung und gegen Lageveränderung ist hier in Rücksicht zu ziehen. Ohne all dies wäre ein derartiges Unsichtbarbleiben der Wasserläufer nicht zu erklären.

Wenn auch schon die stabförmige Gestalt den ruhenden Wasserläufer außerhalb des Wassers recht unauffällig macht, so wird diese Unauffälligkeit besonders dadurch vergrößert, daß die an länglichen Gegenständen, wie Grashalmen oder Pflanzenstengeln sitzenden Tiere sich stets in deren Längsrichtung orientieren, und auch die Beine in gleicher Richtung an den Körper ziehen, so daß ihre Gestalt in den Blattnerven und Stengelfasern vollkommen verloren geht. Diese parallele Orientierung muß zustande kommen, da sie die einzige ist, die dem Wasserläufer ein gutes Festhalten ermöglicht, während jede andere Orientierung, in der das Tier nicht mit so großer Fläche seiner Unterseite den Untergrund berührt, ein Herabfallen zur Folge haben muß.

Auch die *Farbe* des Tieres ist selbst auf grünem Untergrund viel weniger auffällig, als man erwarten möchte. Die Tiere sehen aus wie braune Flecke, die an den Blättern und Stengeln der Pflanzen ja allenthalben als Folge von Frostschaden, Pilzbefall oder Insektenfraß vorkommen. Meist halten sich die Wasserläufer ja auch an beschatteten Teilen der Pflanzen auf, wo ihre Farbe gar nicht zur Geltung kommt.

Auf diese große Unauffälligkeit der Tiere zwischen den Pflanzen ist es wohl zurückzuführen, daß in vielen biologischen Angaben über die Wasserläufer fast ausschließlich ihr Wasserleben berücksichtigt ist, während ihr Aufenthalt auf dem Lande nur selten erwähnt wird.

Es fragt sich nun: Gewährt diese Unauffälligkeit den Gerriden irgendwelchen *Schutz gegen Feinde?* Daß die Katalepsie ein sehr wirksames Schutzmittel gegen vorwiegend optisch orientierte Feinde darstellen muß, steht ebenso wie bei den Stabheuschrecken außer Zweifel.

Welche optisch orientierten Feinde hat nun *Gerris?* Trotz aller Beobachtungen im Freien hinsichtlich dieser Frage kann ich darüber recht wenig sagen. Ich sah, daß sich dicht über der Wasseroberfläche fliegende Rauchschwalben gelegentlich für die Wasserläufer interessierten, doch habe ich sie nie beim Fang eines solchen beobachtet. Ebenso schnappten Hausenten manchmal nach den Gerriden, doch waren diese stets flink genug, sich ihrem Schnabel zu entziehen. Im Aquarium verstand es die Stabwanze *Ranatra* sehr gut, die Wasserläufer an einem Bein zu ergreifen, unter Wasser zu ziehen und auszusaugen. Auch sah ich wiederholt, daß — sowohl im Freien wie im Aquarium — die Wasserläufer von Rückenschwimmern angegriffen wurden, denen es manchmal gelang, kleinere

Tiere, besonders Larven, zu überwältigen. RILEY beobachtete den Wasserkäfer *Dytiscus* beim Fressen von Wasserläufern, DRAKE sah, daß diese von Fröschen gefressen wurden, und DE LA TORRE-BUENO gibt die Wasserläufer sogar als einen Teil der Fischnahrung an. Zu den Feinden der kleineren Arten wie der Larven gehören vor allem auch die großen Arten der Wasserläufer selbst, wie *Limnoporus rufoscutellatus* und *Hygrotrechus najas*, die ich sehr oft im Aquarium und auch mehrfach im Freien beim Fang von *Limnotrechus lacustris* beobachtet habe.

Die häufigste Todesart jedoch, welche die Wasserläufer trifft, ist im Aquarium und wohl auch im Freien das Ertrinken. Ich habe auch draußen oft beobachtet, daß Gerriden, die von einem höheren Gegenstand aus aufs Wasser herabsprangen, die Oberfläche durchbrachen, und dann, wenn ihre Beine erst einmal naß geworden waren, nicht mehr aus dem Wasser herauskamen.

Man kann die Wasserläufer also keineswegs als „Wassertiere" ansehen. Sie sind, ganz ihrer systematischen Stellung entsprechend, „*Landwanzen*", die nur die Fähigkeit erworben haben, zum Zwecke des Nahrungserwerbs auf die Wasseroberfläche zu gehen. Auch eine amphibische Lebensweise führen sie nicht, sie sind vielmehr, wenn sie ins Wasser hineingeraten, ebenso dem Ertrinken ausgesetzt, wie jedes andere Landinsekt. Der volkstümliche Ausdruck „Schlittschuhläufer" ist außerordentlich gut geeignet, das Verhältnis des Wasserläufers zum Wasser und die Gefahren, denen er auf der Wasserfläche ausgesetzt ist, zu charakterisieren.

Gegen alle Gefahren, die den Wasserläufer auf der Wasserfläche bedrohen, ist dieser jedoch schon geschützt, wenn er sich außerhalb des Wassers zwischen Pflanzen aufhält. Die Katalepsie spielt dabei keine Rolle. Sie kann vielmehr nur einen Schutz gegen Spinnen und räuberische Insekten darstellen, die dem Wasserläufer im Pflanzendickicht gefährlich werden können. Er wird diesen viel seltener auffallen, wenn er lange Zeit auf einem Fleck sitzt, als wenn er auf den Pflanzen vorwiegend in Bewegung bleiben würde. Auch daß er seinen Ruheplatz, soweit das Wetter es erlaubt, möglichst an der Spitze der Pflanzen wählt, mag ihn derartigen Feinden mehr entziehen.

Doch läßt sich, soweit unsere jetzige Kenntnis der Tatsachen reicht, ein Nutzen der kataleptischen Erscheinungen bei Wasserläufern nicht so einwandfrei nachweisen, wie dies von PLATE für die Katalepsie von *Dixippus* geschehen ist.

Für die Katalepsie als solche wäre es auch denkbar, daß sie sich, ohne eine ökologische Bedeutung zu haben, nur auf Grund besonderer im Keimplasma liegender „*Mutationspotenzen*" herausgebildet habe. Doch macht eine solche Vorstellung Schwierigkeiten, wenn man an die hoch spezialisierte Art der Katalepsie von *Gerris* denkt, an ihre Verbindung mit einer besonderen Schutzstellung, deren Nutzen „augenfällig" wäre, wenn etwa der Mensch zu den Feinden von *Gerris* gehören würde.

Das Vorhandensein eines Feindes, dem gegenüber die Katalepsie mit Schutzstellung nun wirklich einen Schutz darstellt, zusammen mit dem Wasserläufer in einer der *heute* bei uns vorliegenden Biocönosen ist nicht nachgewiesen, ist aber auch für eine Herausbildung der Katalepsie mit Schutzstellung nicht unbedingt zu fordern. Falls ein solcher Feind heute wirklich bei uns fehlen sollte, so mag er immerhin mit dem Wasserläufer zusammen zu einer Biocönose gehören, die von der bei uns vorliegenden verschieden ist, und dort den Selektionsfaktor dargestellt haben. (Es kann hier außer an eine örtliche auch an zeitliche Verschiedenheit gedacht werden.)

Der Unauffälligkeit der Wasserläufer auf dem Lande entspricht auch ihr Verhalten auf dem Wasser im Falle einer Gefahr. Wenn man einen großen *Limnoporus* im Freien einzufangen sucht, so ist das Tier stets bemüht, das Ufer zu erreichen, und wenn es in dessen Nähe kommt, stürzt es sich in weitem Sprunge in das Pflanzengewirr. Hier bleibt es in den meisten Fällen völlig bewegungslos liegen, und zwar ist sein Zustand kataleptisch, wie man leicht feststellen kann, wenn es gelingt, das Tier aufzufinden. Der katalepsieauslösende Reiz ist hier das Anstoßen an die Pflanzen und das Aufprallen auf den Boden. Doch ist das Auffinden eines Tieres, dem es gelang, aufs Land zu springen, nur in einem geringen Teil der Fälle möglich. Selbst wenn das Ufer annähernd frei von Pflanzen ist und man sich die Stelle genau gemerkt hat, auf der das Tier landete, bleibt das Suchen oft ohne Erfolg, denn die Ähnlichkeit eines ruhig daliegenden Wasserläufers mit Wurzeln oder herumliegenden Pflanzenstücken ist eine zu große.

Alles in allem sehen wir, daß der Vorteil, den ein Wasserläufer von seiner Fähigkeit zur Katalepsie hat, groß genug sein dürfte, um einer Selektion eine Handhabe zu bieten.

Anhang: Andere aquatile Rhynchoten.

Während ich die Katalepsie von *Gerris*, die in erster Linie zu einem Vergleich mit der von *Dixippus* herangezogen werden soll, in physiologischer Hinsicht und im Hinblick auf ihre ökologische Bedeutung ausführlicher besprochen habe, will ich mich bei den anderen Wasserläufergattungen *Velia* und *Hydrometra*, wie bei der Stabwanze *Ranatra* mehr auf eine kurze Beschreibung der Tatsachen beschränken, soweit diese für einen Vergleich wichtig sind.

Velia currens.

Der Bachläufer *Velia currens* zeigt beim Klopfen auf den Thorax sehr prompt eintretende Akinesen, bei denen alle Symptome der Katalepsie vorhanden sind. Doch wird bei dieser Art nie die für *Gerris* typische Schutzstellung angenommen, vielmehr werden alle Beine im Kniegelenk eingeknickt und in bestimmtem Winkel zur Achse des Tieres in eine fächerförmige Anordnung gebracht, wie dies Abb. 34 zeigt.

Auch *spontane Katalepsie* kommt vor, wenn die Tiere an Steinen sitzen. Auf Pflanzen habe ich *Velia* so gut wie gar nicht beobachtet, nur im Herbst vielfach auf Fallaub. *Velia* hält sich überhaupt viel mehr auf der Wasserfläche auf als *Gerris*, wo sie, wie dies auch WEBER beschreibt, mit den Beinen der einen Seite an einem Gegenstand verankert auf Beute lauert. Vom Wasser entfernt sie sich nie weit, sondern wenn sie die Wasserfläche einmal verläßt, sucht sie nur aus dem Wasser ragende Steine im Bereich des Bachbettes auf. Hier vorkommende kataleptische Akinesen können mehrere Stunden dauern, auch nimmt das Tier dabei häufig spontan die für seine experimentell ausgelöste Katalepsie typische Stellung ein. Zum Klettern scheint *Velia* keine so ausgesprochene Neigung zu haben wie *Gerris*, auch benutzt sie dabei nur die Beine, nicht auch die Behaarung der Unterseite.

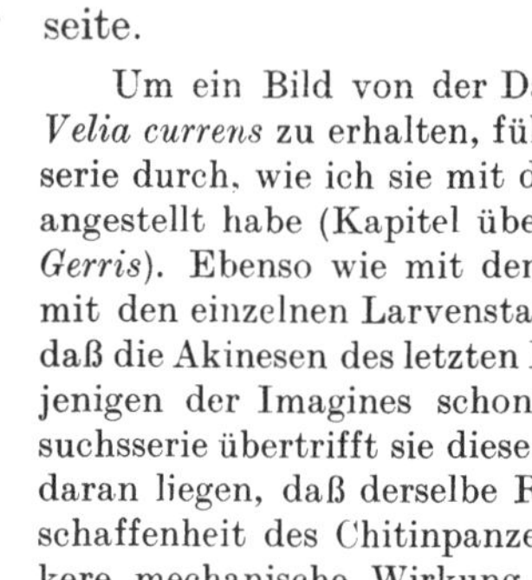

Um ein Bild von der Dauer künstlicher Akinesen bei *Velia currens* zu erhalten, führte ich eine gleiche Versuchsserie durch, wie ich sie mit den verschiedenen *Gerris*-Arten angestellt habe (Kapitel über die Dauer der Akinesen bei *Gerris*). Ebenso wie mit den Imagines geschah dies auch mit den einzelnen Larvenstadien, wobei sich herausstellte, daß die Akinesen des letzten Larvenstadiums an Dauer diejenigen der Imagines schon erreicht haben. In der Versuchsserie übertrifft sie diese sogar, doch mag dies lediglich daran liegen, daß derselbe Reiz wegen der weicheren Beschaffenheit des Chitinpanzers der Larven eine viel stärkere mechanische Wirkung hat (Abb. 35 a und b). Das Annehmen der besonderen Katalepsiestellung ist bei Larven

Abb. 34. *Velia currens* in Katalepsiestellung.

jedoch lange nicht so ausgeprägt wie bei den Imagines, sie wird nur manchmal angedeutet, indem einige Beine in der für die Imagines typischen Weise eingeknickt und an den Körper gezogen werden. (Die Versuchsserien mit Larven schließen insofern eine kleine Ungenauigkeit in sich ein, als die dazu verwandten Tiere im Freien eingefangen und dann nach ihrer Größe dem einen oder anderen Larvenstadium zugeordnet wurden, nicht in der Gefangenschaft großgezogen und auf die Zahl ihrer Häutungen beobachtet. Nun variieren die einzelnen Larvenstadien von *Velia* im Gegensatz zu denen von *Gerris* in ihrer Größe recht beträchtlich, so daß es gelegentlich vorgekommen sein mag, daß besonders große oder kleine Individuen eines Stadiums einem anderen Stadium zugeordnet wurden. Doch war dies sicher nicht in dem Maße der Fall, daß dadurch das Versuchsergebnis beeinträchtigt werden könnte.)

Bei *Velia* kommt es besonders deutlich zum Ausdruck, daß starke mechanische Reizung die Katalepsiedauer *verlängert*. Wird ein Tier längere Zeit mit dem Finger auf einer Unterlage hin- und hergerollt, so ist die Dauer der Akinese viel länger als wenn, wie bei der eben besprochenen Versuchsserie, die mechanische Reizung sofort abgebrochen wird, wenn Katalepsie eingetreten ist. Ebenso wirken vorhergehende Hypnosen für die folgenden verlängernd, so daß bei kurz aufeinanderfolgenden Versuchen dieser Art zunächst die Dauer der einzelnen Akinesen ansteigt. Tabelle 10 zeigt die Ergebnisse von vier solchen Versuchen.

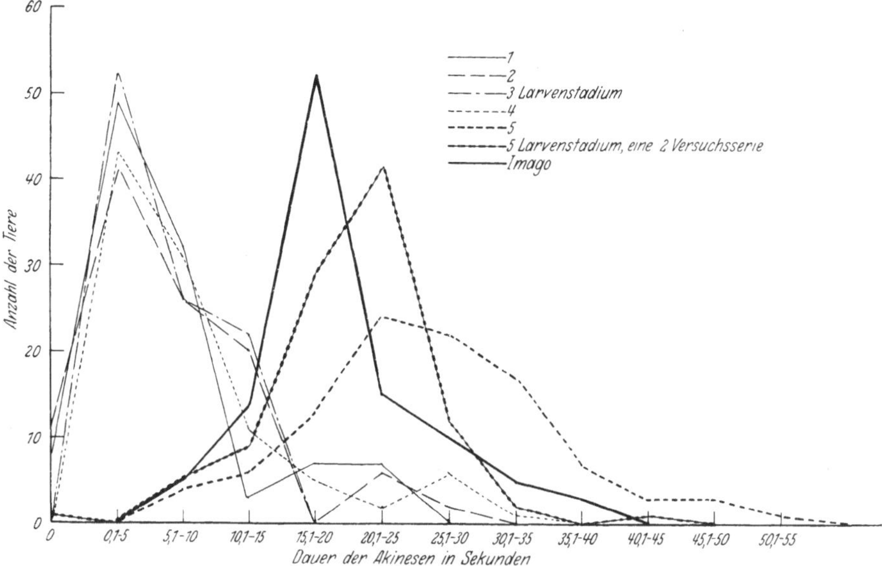

Abb. 35a. Graphische Darstellung der Dauer durch Klopfen auf den Thorax ausgelöster Akinesen der Larvenstadien und des Imaginalstadiums von *Velia currens.*

Die Versuchsserien dieser Art, von denen ich im ganzen zehn durchgeführt habe, endigen entweder mit völligem Refraktärwerden des Tieres oder mit dessen Erschöpfung, in welchem Falle das Versuchstier mit völlig schlaffer Muskulatur daliegt und man es überhaupt nicht mehr zur Bewegung veranlassen kann. Trotzdem verhielten sich alle Tiere, die solchen Versuchen unterzogen wurden, am folgenden Tage wieder ganz normal.

Ebenso akineseverlängernd wie längere mechanische Reizung wirkte es auch, wenn man das Tier vorher mit *Induktionsstrom* behandelte. Die durch den Strom hervorgerufene Lähmung war ebensowenig kataleptischer Art, wie bei anderen Insekten.

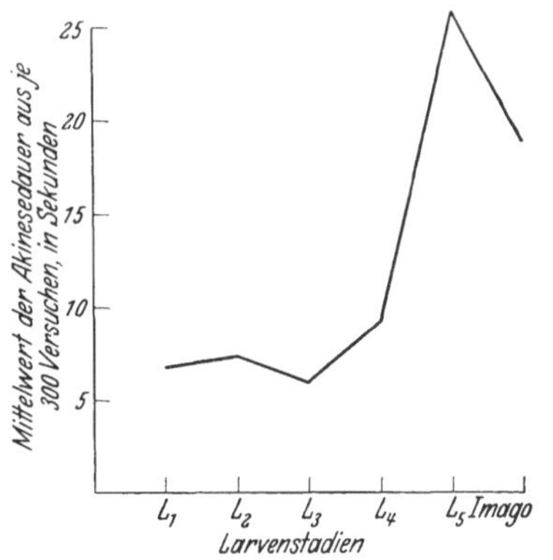

Abb. 35b. Übersicht über die durchschnittliche Dauer experimentell ausgelöster Akinesen bei den Larven und den Imagines von *Velia currens.*

Doch wenn man ein Tier, das gerade aus einer solchen Betäubung erwacht, durch Klopfen auf den Thorax in Katalepsie versetzt, so dauert

Tabelle 10. *Velia currens.* Nacheinander folgende Akinesen desselben Tieres. Dies wurde gleich nach dem Erwachen wieder in Akinese versetzt.

1.	2.	3.	4.
1 Min. 11 Sek.	12 Sek.	8 Sek.	6 Sek.
2 „ 19 „	2 Min. 19 „	31 „	19 „
8 „ 3 „	2 „ 41 „	2 Min. 16 „	2 Min. 2 „
9 „ 6 „	4 „ 6 „	4 „ 40 „	4 „ 55 „
2 „ 39 „	2 „ 59 „	3 „ 57 „	6 „ 8 „
6 „ 14 „	5 „ 16 „	4 „ 27 „	5 „ 31 „
6 „ 40 „	6 „ 47 „	3 „ 19 „	4 „ 2 „
7 „ 16 „	1 „ 12 „	5 „ 16 „	6 „ 14 „
59 „	1 „ 56 „	6 „ 31 „	3 „ 48 „
31 „	1 „ 4 „	3 „ 49 „	6 „ 19 „
1 „ 13 „	2 „ 8 „	2 „ 4 „	1 „ 36 „
1 „ 2 „	1 „ 13 „	3 „ 2 „	2 „ 5 „
51 „	26 „	19 „	1 „ 20 „
27 „	2 „ 18 „	2 „ 12 „	52 „
19 „	3 „ 24 „	1 „ 35 „	2 „ 18 „
17 „	das Tier kann	12 „	3 „ 43 „
refraktär	nicht mehr zu	51 „	1 „ 16 „
	Bewegungen	1 „ 3 „	31 „
	veranlaßt wer-	refraktär	25 „
	den		2 „ 14 „
			3 „ 55 „
			Tier völlig er-
			müdet

diese Akinese erheblich länger als eine solche vor der elektrischen Reizung. Wenn also eine elektrische Reizung selbst auch keine Katalepsie auszulösen vermag, so versetzt sie doch das Nervensystem des Versuchstieres in eine Stimmung, in der es besonders empfindlich für den katalepsieauslösenden mechanischen Reiz ist.

Bei einer Versuchsserie, deren Daten ich wiedergeben will, wurden die Tiere erst in Katalepsie versetzt und deren Dauer genau festgestellt, dann wurden sie elektrisiert und nach Erwachen aus der elektrischen Betäubung sofort wieder in Katalepsie versetzt. Die Dauer der Akinesen war dabei

	vor der elektrischen Reizung	nach dieser
Tier 1	44 Sek.	6 Min. 31 Sek.
„ 2	17 „	2 „ 9 „
„ 3	14 „	2 „ 47 „
„ 4	39 „	8 „ 5 „
„ 5	23 „	3 „ 47 „
„ 5	9 „	2 „ 56 „
„ 7	49 „	5 „ 13 „
„ 8	15 „	1 „ 51 „
„ 9	23 „	57 „
„ 10	11 „	6 „ 3 „

Es ist auch möglich, eine kataleptische *Velia* durch schnelles Einbringen in einen Raum von etwa 0⁰ für lange Zeit in der typischen Katalepsiestellung zu halten, was bei *Gerris* nicht gelang. Doch zeigt sich auch hier, daß das Tier gegen diesen plötzlichen Temperaturabfall sehr empfindlich ist; wenn man es $^1/_2$ Stunde in einem Raum von so niedriger Temperatur läßt, so geht es zugrunde, 5—10 Min. unter diesen Bedingungen werden jedoch ertragen.

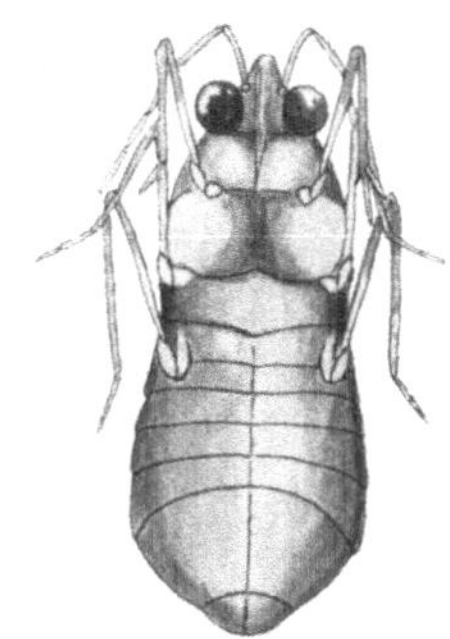

Abb. 36. *Microvelia* in Katalepsie.

Die Katalepsie von *Velia* hat eine ähnliche *biologische Bedeutung* wie bei *Gerris*, nur spielt sie bei *Velia* vielleicht eine etwas weniger wichtige Rolle. Das Tier versteckt sich nicht zwischen Pflanzen, sondern drückt sich nur in Vertiefungen von Steinen und solche in der Ufererde, wo es ebenfalls leicht übersehen werden kann. Seine charakteristische Katalepsiestellung mag dabei geeigneter sein als eine Schutzstellung, wie sie *Gerris* annimmt. Denn bei der breiteren, gedrungenen Gestalt des Tieres würde diese Schutzstellung keinen mimetischen Wert haben, da sie doch keine Ähnlichkeit mit einem Pflanzenstück bewirken könnte. Auch würde eine solche Ähnlichkeit weniger zu der Lebensweise des Tieres passen, das sich mehr auf Steinen und Ufererde, nicht aber zwischen Pflanzen aufhält.

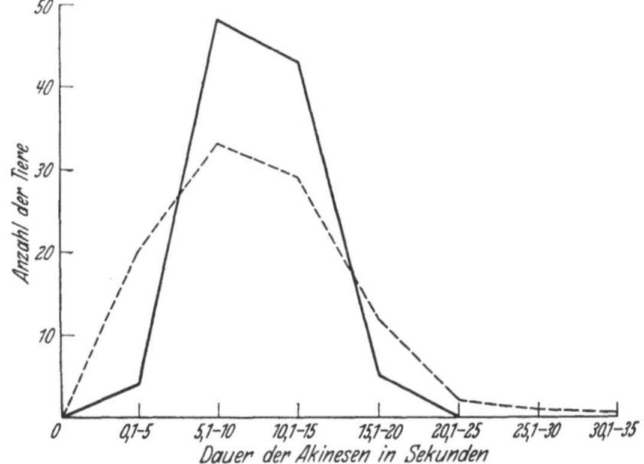

Abb. 37. Graphische Darstellung der Dauer experimentell ausgelöster Akinesen bei *Microvelia*. ——— 100 Mittelwerte aus je 3 Versuchen. - - - - - Dieselben 300 Versuchsresultate, aber einzeln für die graphische Darstellung verwertet; Maßstab auf $^1/_3$ verkleinert.

Auch bei der winzigen *Microvelia* lassen sich durch Beklopfen des Thorax kurze Akinesen erreichen. Zum Teil konnte ich bei diesen deutliche Katalepsiesymptome beobachten, doch ist es bei der Kleinheit der Tiere nicht mit Sicherheit festzustellen, ob die Akinese stets eine kataleptische ist. Die Haltung dabei ist von der eines ruhenden Tieres kaum verschieden, also keine ausgeprägte Katalepsiestellung (Abb. 36).

In derselben Weise wie bei anderen Formen wurden auch hier 100 Tiere an je drei Tagen auf die Dauer ihrer Akinesen untersucht. Die Versuche wurden unter der Lupe ausgeführt, und zum Klopfen wurde bei den jungen *Gerris*-Larven ein Pferdehaar benutzt. Die Dauer der Akinesen ist, wie Abb. 37 zeigt, recht einheitlich.

Hydrometra stagnorum.

Meine Beobachtungen an dieser Art beschränken sich auf lediglich 13 Tiere. *Hydrometra* unterscheidet sich von den anderen Gattungen der Gerriden in Körperbau und Lebensweise recht erheblich. Die Fähigkeit, auf das Wasser zu gehen, spielt bei ihr nur eine recht untergeordnete Rolle, meist hält sie sich auf Steinen am Ufer von Bächen oder an Pflanzen auf und nährt sich durch Aussaugen von angespülten toten Insekten, während sie lebende nicht angreift, wozu sie auch wegen des Fehlens der Gift- und Speicheldrüse gar nicht befähigt wäre. Über große freie Wasserflächen geht der Teichläufer nie, sondern hält sich stets im Schutz des Ufers auf. Die Fortbewegung ist bedächtig schreitend, nie hastig, wie bei *Gerris* oder *Velia*.

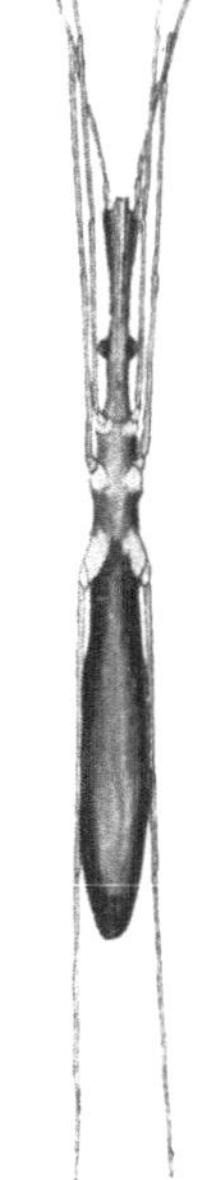

Abb. 38. *Hydrometra* in kataleptischer Schutzstellung.

Auf Beklopfen hin tritt auch bei *Hydrometra* eine *kataleptische Akinese* ein, bei der ebenso wie bei *Gerris* die Schutzstellung angenommen wird (Abb. 38). Doch ist die Dauer dieses Zustandes außerordentlich gering, meist nur 2—3 Sek., das Maximum bei meinen Beobachtungen betrug 21 Sek. Andererseits kommt es kaum vor, daß sich ein Tier gegen den Klopfreiz refraktär zeigt. Ich habe diesen Versuch mit 10 Tieren an 10 verschiedenen Tagen ausgeführt und die Dauer der einzelnen Akinesen festgestellt. Abb. 39 zeigt das Ergebnis in graphischer Darstellung.

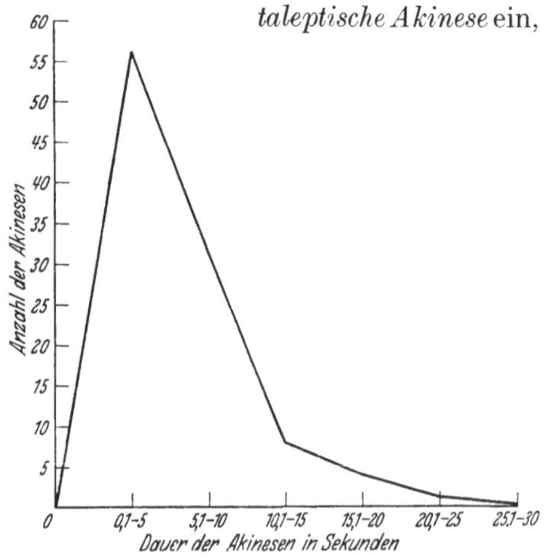

Abb. 39. Graphische Darstellung der Dauer experimentell ausgelöster Akinesen bei *Hydrometra*.

Eine Erfassungshypnose ließ sich nicht einwandfrei feststellen. Hält man das Tier an einem Beine fest, so tritt gar nicht selten Autotomie der so gereizten Extremität ein. Auch ein spontanes Annehmen der Katalepsie oder der Schutzstellung habe ich nie beobachten können. Die Katalepsie dürfte also bei *Hydrometra* keine hohe ökologische Bedeutung haben.

Ranatra.

Hypnotische Zustände bei *Ranatra* sind von HOLMES als ,,*Deathfeigning-instinct*" beschrieben worden. HOLMES stellte fest, daß bei dieser Wanze eine Starre des ganzen Körpers eintritt, wenn man sie aus dem

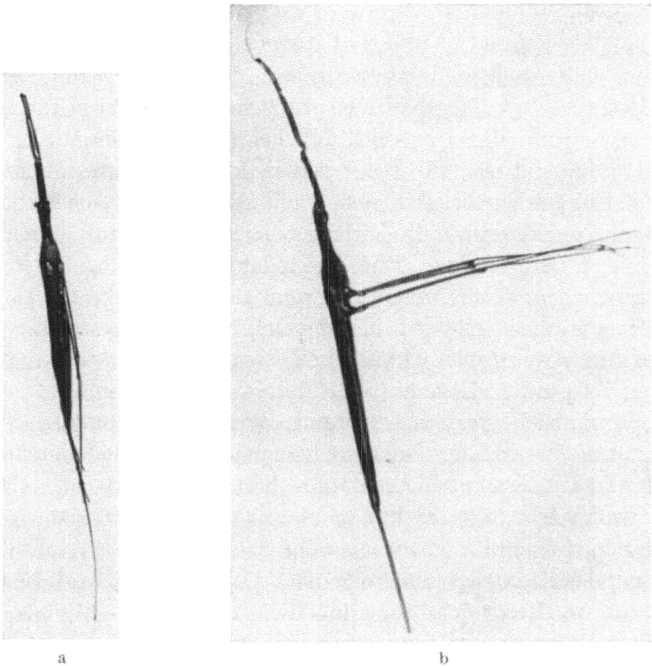

a   b

Abb. 40 a und b. Die beiden häufigsten Katalepsiestellungen von *Ranatra*.
Ungefähr natürliche Größe.

Wasser herausnimmt. Genügte dies allein nicht zur Auslösung der Akinese, so führten Streichen des Körpers und Hinwerfen auf eine Unterlage meist zum Ziel. Nur in seltenen Fällen zeigten die Tiere sich völlig refraktär.

Auch ist mit der Hypnose meist eine besondere Haltung verbunden. Am häufigsten werden die Vorderbeine wie bei *Dixippus* an den Kopf gelegt, die beiden hinteren Beinpaare streckt das Tier eng aneinandergelegt nach der Ventralseite, was bei der Lebensweise der Stabwanzen zwischen den Wurzeln der Wasserpflanzen auch eine recht gute mimetische Wirkung haben mag. In anderen Fällen werden die beiden letzten Beinpaare nach hinten an den Körper gelegt, ebenso wie dies bei *Gerris* manchmal der Fall ist.

Es gelang mir in einigen Fällen, diese Starre bei den Tieren auch *unter Wasser* auszulösen, wenn ich eine Zeitlang mit einer Pinzette gegen ihren Thorax klopfte. Doch gelingt die Auslösung viel seltener unter als außerhalb des Wassers. Immerhin nahmen doch einige Tiere unter Wasser die typische Stellung mit ventralwärts gestreckten Beinen an.

Dieser Starrezustand wird von HOLMES als *tetanisch* bezeichnet. Nach der Meinung von MANGOLD, der ich mich anschließe, ist für die Kontraktion der Muskulatur einer *Ranatra* während dieser Starre die Bezeichnung Tetanus nicht zutreffend. Vergleicht man den Zustand der Muskulatur bei einer „sichtotstellenden" *Ranatra* mit demjenigen beim kataleptischen *Dixippus*, so hat man den Eindruck, daß der Unterschied zwischen beiden nur darin besteht, daß bei *Dixippus* der Muskeltonus stärker heraufgesetzt ist. Die Beine lassen sich bei *Ranatra* mindestens ebenso leicht biegen wie bei *Dixippus*, und künstlich gegebene Stellungen werden auch von *Ranatra* eine Zeitlang beibehalten, allerdings schneller ausgeglichen als bei *Dixippus*. Eine Flexibilatis cerea ist also bei *Ranatra* in ausgesprochener Weise vorhanden, wenn auch das Bestreben der einzelnen Extremitäten, eine der beiden beschriebenen Starrestellungen anzunehmen, hier etwas größer ist als bei *Dixippus*. Es liegt also kein Grund vor, diesen Zustand nicht auch als Katalepsie zu bezeichnen.

Auch darin gleicht der Starrezustand von *Ranatra* dem der Stabheuschrecken und Wasserläufer, daß er sich zu jeder Zeit aufheben läßt. Besonders gute katalepsieaufhebende Reize bestehen hier darin, daß man das Tier an der Atemröhre zwickt oder es aufs Wasser wirft, während Anblasen hier im Gegensatz zu Stabheuschrecken und Wasserläufern eine Verstärkung der Katalepsie zur Folge hat. Doch wird die Stabwanze im Unterschied von *Gerris* stets nur allmählich, nie mit einem Schlage beweglich.

4. Allgemeiner Teil.

In den beiden vorhergehenden Abschnitten habe ich die Einzelheiten der kataleptischen Zustände bei Stabheuschrecken und Wasserläufern geschildert. Versuchen wir nun, einen Überblick über den ganzen Erscheinungenkomplex zu gewinnen. Wir wollen dazu von einem *Vergleich der Verhältnisse bei Dixippus und bei Gerris* ausgehen.

Bei beiden Formen sind zunächst die *Voraussetzungen* für die Auffassung ihrer Akinesen als kataleptische Zustände erfüllt, also außer Bewegungslosigkeit Analgesie und etwas heraufgesetzter Muskeltonus mit Flexibilitas cerea vorhanden. Der zweite wichtige Punkt, in dem beide übereinstimmen, ist der Umstand, daß bei beiden die Katalepsie spontan angenommen werden kann. Auch eine weitere Grundeigentümlichkeit der Katalepsie von *Dixippus* finden wir bei derjenigen von *Gerris* wieder vor, nämlich ihr Vorkommen in quantitativer Abstufung von maximaler Tiefe bis zu einer leisesten Andeutung und die Abhängigkeit dieses Katalepsiegrades von einem komplizierten Zusammenwirken innerer und äußerer Faktoren. Auffallend ist ferner das genaue Übereinstimmen der typischen Schutzstellung von *Dixippus* mit derjenigen von *Gerris*.

Die *Verschiedenheiten* im kataleptischen Verhalten beziehen sich mehr auf Einzelheiten, die zum Teil recht geringfügig sind. Tabelle 11 gibt eine kurze Übersicht darüber.

Tabelle 11.

Dixippus.	*Gerris.*
Lichtwirkung wichtigster Faktor bei der Auslösung der Katalepsie.	Lichtwirkung für den Eintritt der Katalepsie ohne Bedeutung.
Beibehalten eines dem täglichen Lichtwechsel entsprechenden Rhythmus von kataleptischem und nicht kataleptischem Zustand, auch unter veränderten Lichtverhältnissen, *ohne* direkte Abhängigkeit von Außenbedingungen.	Tagesrhythmus nicht unwahrscheinlich, aber nicht genau nachzuweisen, wohl *nur* von Außenbedingungen abhängig, da er bei konstanten Außenbedingungen nicht auftritt.
Festhalten eines Tieres an einem Bein löst meist heftige Bewegung oder Autotomie des gereizten Beines aus.	Beim Festhalten am Femur eines Beines tritt „Erfassungshypnose" ein.
Klopfen auf den Thorax hat keine Wirkung, doch mag dies daran liegen, daß wegen des viel weicheren Chitinpanzers von *Dixippus* dadurch keine starke Erschütterung des Tieres bewirkt wird. Wirft man das Tier auf eine feste Unterlage, so tritt oft Katalepsie und Schutzstellung ein. Der Unterschied ist also kein prinzipieller.	Klopfen auf den Thorax ruft Katalepsie und Schutzstellung hervor.
Auch die Larven nehmen die Schutzstellung an.	Keine ausgesprochene Schutzstellung bei Larven, nur bei vereinzelten Exemplaren eine gewisse Andeutung dieser Stellung.

Auch läßt sich für *Dixippus* eine Mitwirkung des Hungers bei der Aufhebung der Katalepsie feststellen, während sie sich bei *Gerris* nicht nachweisen ließ. Doch kann man darin nicht ohne weiteres einen Unterschied sehen, da bei der weit kürzeren Dauer der Akinesen von *Gerris* keine Möglichkeit besteht, eine eventuelle Wirkung des Hungers zu untersuchen.

Wie wir sehen, beziehen sich die Verschiedenheiten mehr auf spezielle Einzelheiten; in den grundlegenden Eigenschaften ist das kataleptische Verhalten beider Formen außerordentlich ähnlich. Dies gilt auch besonders für die ökologische Bedeutung des Zustandes.

Bei beiden Formen wird durch die außerordentliche Unauffälligkeit des kataleptischen Tieres und die Einschränkung seiner Bewegungen ein

Schutz gegen optisch orientierte Feinde gewährleistet. In gleicher Weise bewirkt bei beiden eine weitgehende Analgesie, daß sie selbst auf starke mechanische Reize und Verstümmelungen hin keine Fluchtbewegungen ausführen, welche die mimetische Wirkung ihrer Gestalt und ihrer Schutzstellung aufheben würden.

Es bereitet Schwierigkeiten, sich vorzustellen, daß eine solche Ähnlichkeit in so vielen Punkten rein dem Zufall zuzuschreiben sei. Wie mag also die Übereinstimmung bedingt sein?

Der Katalepsie verwandte Erscheinungen sind im Insektenreich weit verbreitet. Wenn sich nun bei zwei Formen eine solche Erscheinung in fast der gleichen Ausprägung zeigt, so kann dies einmal dadurch bedingt sein, daß beide Formen *phylogenetisch* mehr oder weniger *nahe miteinander verwandt* sind, zweitens aber auch dadurch, daß bei beiden die *Selektion in genau derselben Richtung* wirkte, und schließlich kann die Ähnlichkeit durch eine *Kombination dieser beiden Möglichkeiten* bedingt sein. Eine bloß zufällige Ähnlichkeit wäre nur für wenig ausgeprägte und undifferenzierte Hypnosen denkbar.

Prüfen wir nun, welche der Möglichkeiten in unserem Falle verwirklicht ist. Die erste scheidet, sofern man an engere phylogenetische Beziehungen denkt, sogleich aus. Es besteht keine engere Verwandtschaft zwischen *Dixippus* und *Gerris*, da die beiden Formen in zwei verschiedene systematisch streng getrennte Ordnungen, die Orthopteren und Hemipteren gehören.

Der stammesgeschichtliche Zusammenhang zwischen beiden Gruppen besteht nur darin, daß, wie man heute allgemein annimmt, *die Hemipteren sich von den Orthopteren ableiten*, doch muß diese Abzweigung der Hemipteren schon im Paläozoikum stattgefunden haben, denn aus dem Perm sind schon fossile Insekten bekannt (*Eugerion Boeckingi* DOHRN), die deutliche Hemipterencharaktere zeigen. Diese Verwandtschaft könnte man nur dann als die direkte Ursache des Vorkommens einer gleichartigen Katalepsie bei Stabheuschrecken und Wasserläufern deuten, wenn eine solche Erscheinung bei Orthopteren und Hemipteren ganz allgemein verbreitet wäre. Doch ist — soweit der heutige Stand unserer Kenntnisse uns diese Aussage gestattet — dies keineswegs der Fall.

Dagegen von einem anderen Gesichtspunkt aus betrachtet kann diese weitläufige Verwandtschaft zur Erklärung des Auftretens der Katalepsie in beiden Gruppen herangezogen werden: JUST weist darauf hin, daß innerhalb derselben Art und innerhalb einer Gruppe von verwandten Formen häufig dieselben Mutationen wiederholt auftreten, daß also verwandte Arten ganz unabhängig voneinander, infolge ihrer ähnlichen Keimplasmastruktur dieselbe Richtung des Mutierens einschlagen. Als ein Beispiel dafür kann das Auftreten der Stabform innerhalb des Orthopterenstammes aufgefaßt werden, die sich bei Mantiden, Phasmiden und

Acridiiden als Konvergenzerscheinung herausgebildet hat, und das gleichfalls häufige Vorkommen der Stabform auch bei den *Hemipteren* spricht dafür, daß sowohl Orthopteren wie Hemipteren von ihren gemeinsamen Ahnen eine *Struktur des Keimplasmas* übernommen haben, die *für die Herausbildung einer Stabform besonders günstig* ist. Zum Anlagenschatz dieser gemeinsamen Ahnenformen könnte nun auch die Potenz gehört haben, *die Fähigkeit zur Schutzstellung und zur Katalepsie zu erwerben.* In dieser Hinsicht könnte also die phylogenetische Verwandtschaft zwischen Orthopteren und Hemipteren für das Auftreten der Katalepsie bei Wasserläufern und Stabheuschrecken von Bedeutung sein.

Doch kann diese Annahme nur die Voraussetzungen für die gleichgerichtete Herausbildung der Katalepsie bei Stabheuschrecken und Wasserläufern unserem Verständins näherbringen, keineswegs kann sie bei der spezifischen Ähnlichkeit der Katalepsie und der mit ihr verbundenen Erscheinungen bei beiden Gruppen den Gang der phylogenetischen Entwicklung selbst erklären. Denn einerseits ist es wohl kaum denkbar, daß bei beiden Gruppen die spezifisch ähnliche Katalepsie durch *einen einzigen Mutationsschritt* entstanden sei, andererseits auch nicht, daß der schrittweise Verlauf der Herausbildung *rein* aus im Keimplasma liegenden Ursachen bei beiden Formen sich *genau in derselben Weise* abgewickelt habe. Da die Katalepsie bei beiden Formen dieselbe ökologische Bedeutung hat, muß vielmehr bei einer Betrachtung über die Herausbildung dieser Erscheinung auch an eine *gleichgerichtete Selektion* gedacht werden.

Was mag nun eine gleichgerichtete Selektion bedingt haben? Wir müssen da zu den Chresmodiden zurück. Wie schon in der Einleitung erwähnt, sehen die Paläontologen in ihnen Tiere, die eine ähnliche Lebensweise auf der Wasserfläche führten, wie unser heutiger *Gerris*. Und diese Chresmodiden sieht man als die Vorfahren unserer Stabheuschrecken an. Da hätten wir also eine biologische Übereinstimmung, die vielleicht für eine Selektion in gleicher Richtung in Anspruch genommen werden könnte: *das Leben auf der Wasserfläche.*

Nun prüfen wir einmal: Was hat bei *Gerris* das Leben auf der Wasserfläche mit dessen Katalepsie zu tun? Welchen Nutzen hat das Tier auf dem Wasser von seiner besonderen Fähigkeit? Soviel ich auch derartige Zusammenhänge gesucht und die Tiere daraufhin beobachtet habe, ich habe Katalepsie bei frei auf dem Wasser befindlichen Tieren überhaupt nie beobachtet. Selbst bei Tieren, die sich mit den Füßen an festen Gegenständen verankert hatten und sich vollkommen ruhig verhielten, habe ich nie Katalepsie feststellen können. *Wenn also Katalepsie bei auf dem Wasser befindlichen Tieren gar nicht vorkommt, so kann man die Frage nach deren etwaigem Zusammenhang mit dem Wasserleben ohne Bedenken verneinen.* Ökologisch gesehen müßte man ja auch von vornherein eine Katalepsie auf der Wasserfläche eher für schädlich als für nützlich halten, denn auch ein ganz bewegungsloses Tier würde trotz seiner Stabähnlichkeit auf der freien Wasserfläche, also auf einem einförmigen Untergrund, immerhin auffallen und würde in kataleptischem Zustand einem Feinde leicht zur Beute werden, während *Gerris* tatsächlich bereits auf optische Reize hin lebhafte und geschickte Fluchtbewegungen ausführt. Höchstens wäre an eine Schutzwirkung einer Katalepsie auf der Wasserfläche solchen Feinden gegenüber zu denken, die tote Beuteobjekte nicht beachten. Das Annehmen einer Schutzstellung wäre auf dem Wasser auch nicht möglich, da das Tier seine Beine nicht an den Körper anziehen kann, ohne der Gefahr des Ertrinkens ausgesetzt zu sein. Also schon aus diesen Erwägungen heraus wäre eine Katalepsie auf der Wasserfläche schlecht denkbar.

Vielmehr ist der Aufenthalt außerhalb der Wasserfläche für die Katalepsie der Wasserläufer eine ökologische Voraussetzung. Nicht auf einem gleichförmigen, sondern nur auf einem in einzelne Formen aufgelösten Untergrund kann ein kataleptisches Tier leicht übersehen werden.

So aussichtsreich also auch eine Untersuchung der Katalepsie bei beiden Formen in Beziehung zu dem Wasserläuferleben der Chresmodiden erschien, so lassen sich doch daraus keine Anhaltspunkte für eine Erklärung ihrer eigentümlichen Übereinstimmung gewinnen. Auch für *Dixippus* kann man also annehmen, daß sein kataleptisches Verhalten eine direkte Anpassung an sein Leben auf Pflanzen ist, nicht ein Erbgut von Vorfahren, die es sich durch ihr Wasserleben erworben hätten.

Also nicht im Leben auf der Wasserfläche, sondern im *Leben auf dem Lande* ist das übereinstimmende Agens für die Herausbildung der Katalepsie zu suchen.

Nun lebt die Mehrzahl aller Insekten auf dem Lande und zwischen Pflanzen, und wenn auch bei vielen eine Hypnose vorkommt, so ist damit noch nicht eine so spezifische Ähnlichkeit im hypnotischen Verhalten wie in unserem Falle gegeben. Gerade das Herausbilden einer eigentümlichen Schutzstellung fordert noch eine besondere Erklärung.

Sehen wir uns also nach weiteren Tatsachen um, die für beide Formen in gleicher Weise bestehen, und die in Zusammenhang mit dieser spezifischen Form tierischer Hypnose stehen könnten. Eine solche bei beiden Formen in Übereinstimmung vorkommende Tatsache ist da sehr augenfällig, und zwar handelt es sich hier um einen morphologischen Charakter, nämlich die *Stabform* der Tiere. Diese stellt ja für die Herausbildung der Schutzstellung ökologisch gesehen erst die Voraussetzung dar. Denn für ein nicht wenigstens in geringem Grade stabförmiges Tier würde die Schutzstellung völlig bedeutungslos sein, es sei denn, daß seine Beine allein schon breit und lang genug wären, um eine Stabform vorzutäuschen. Für Katalepsie im allgemeinen genügt jedoch schon irgendeine schützende Ähnlichkeit in Form und Farbe, um sie in mimetischer Hinsicht bedeutungsvoll zu machen.

Nun nehmen wir einmal an, bei einer stabförmigen Art tauchte plötzlich durch die Aktivierung einer im Keimplasma liegenden Mutationspotenz, wie bereits besprochen, bei einem Tier die erbliche *Fähigkeit zur Katalepsie und zur Schutzstellung* auf. Würde dieses Tier dann nicht gegenüber seinen Artgenossen weit im Vorteil sein? Sicher müßte diese Fähigkeit, auch wenn sie nur in ganz schwacher Ausprägung vorhanden wäre, von der *Selektion* erfaßt werden. Und wenn bei unseren stabförmigen Tieren die hier vorkommende Schutzstellung gegenüber anderen Stellungen im selektionistischen Sinne den Sieg davontrug, so ist dies leicht dadurch verständlich, daß sie eben in der Tat eine sehr zweckmäßige ist. Denn in keiner anderen Haltung könnten die Beine des Tieres unauffälliger sein, und eine stärkere mimetische Wirkung der Stabform zustande kommen, als gerade durch diese typische Stellung.

Man braucht auch nicht die Stabform als eine während der selektionistischen Herausbildung der Schutzstellung schon fertig vorliegende Erscheinung aufzufassen, vielmehr wäre es auch denkbar, daß die Herausbildung beider Charaktere Hand in Hand ging.

Die Ansicht, daß die spezifische Ausprägung der Schutzstellung bei *Gerris* und *Dixippus* in einem Zusammenhang mit der Stabform stehe, gewinnt noch an Wahrscheinlichkeit, wenn man *verwandte Formen* betrachtet. Der Bachläufer *Velia* ist nicht stabförmig, sondern hat eine mehr rundliche Körperform. Obwohl das Tier die Fähigkeit zu einer spezialisierten Katalepsie hat, wird doch die besondere Schutzstellung der Gerriden nicht angenommen, sondern eine andere Haltung, die bei der Körperform des Tieres als zweckmäßiger erscheint. *Hydrometra* dagegen wieder, ein Tier von ganz ausgesprochener Stabform, nimmt bei ihren Akinesen eine typische Schutzstellung an, in der sie den jüngsten Larven von *Dixippus* außerordentlich ähnlich sieht. Auch die „Stabwanze" *Ranatra*, die ja einer ganz anderen Formengruppe und Lebensgemeinschaft angehört, zeigt angenähert die Schutzstellung, dagegen bei der mit *Ranatra* ganz nahe verwandten *Nepa*, die keine Stabform aufweist, habe ich nie eine derartige Stellung beobachtet. Wir sehen also in allen diesen Fällen einen deutlichen Zusammenhang zwischen Stabform und Schutzstellung.

Auch das Verhalten der *Jugendstadien*, das ja, wie wir sahen, von dem der Imagines abweicht, bedarf im vorliegenden Zusammenhang einer Betrachtung. Sowohl bei *Dixippus* wie bei *Gerris* zeigt sich, daß Fähigkeit und Neigung zur Katalepsie mit dem Alter der Larven ansteigen. Es drängen sich hier mehrere Gesichtspunkte auf:

Zunächst könnte man geneigt sein, hier von einer Gültigkeit des *biogenetischen Grundgesetzes* zu sprechen, indem in der ontogenetischen Entwicklung die Larven die schrittweise Herausbildung einer spezialisierten Katalepsie, wie sie in der Phylogenese dieser Art anzunehmen wäre, wiederholen.

Doch läßt sich die angeführte Tatsache auch unter einem anderen Gesichtspunkt betrachten. Wenn man nämlich berücksichtigt, daß die

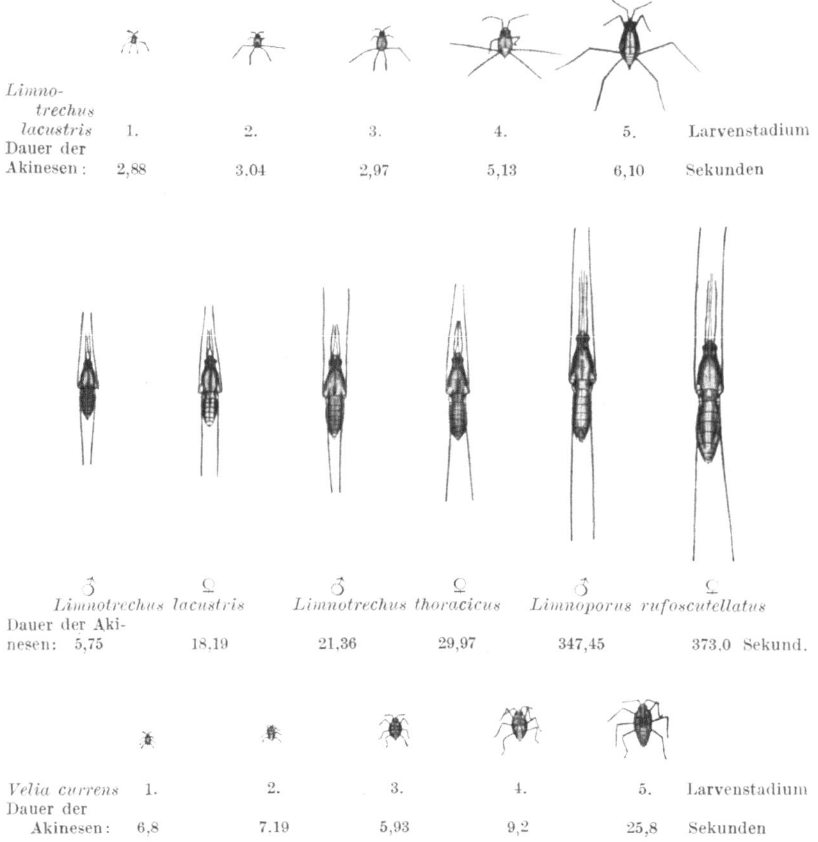

Abb. 41. Übersicht über die natürliche Größe, Stellung bei der Katalepsie und durchschnittliche Dauer experimentell ausgelöster Akinesen bei den einzelnen Larvenstadien von *Limnotrechus lacustris*, den verschiedenen *Gerris*-Arten und den Larven von *Velia currens*.

Larven ja eine viel geringere Körpergröße als die Imagines haben, so kommt man zu der Erkenntnis, daß Katalepsie mit Schutzstellung für kleinere Tiere gar nicht den biologischen Wert haben kann, den sie für größere Formen hat. Denn von einer gewissen Größe abwärts werden die Tiere von denjenigen Feinden, gegen die die größeren durch ihre Katalepsie geschützt sind, überhaupt nicht mehr beachtet werden. Freilich könnten kleinen Tieren andere Feinde gefährlich werden und damit eine

Selektion in Richtung auf eine bessere Ausprägung der Katalepsie auch bei diesen ausführen, doch wird es sich praktisch bei diesen Feinden fast ausschließlich um Spinnen und Insekten handeln, die doch in weit geringerem Maße auf das Formensehen eingestellt sind, als die Wirbeltiere, die für die Selektion bei den Imagines vor allem in Betracht gezogen werden müssen. Nach den Untersuchungen von EXNER, v. ÜXKÜLL und TIRALA (sämtlich zitiert nach HEMPELMANN) „spielt die bestimmte Konfiguration des optischen Bildes bei den Wirkellosen kaum eine Rolle" (nur bei blütenbesuchenden Insekten ist eine Formbeachtung nachgewiesen). Räuberische Spinnen und Insekten erkennen ihre Beutetiere auf optischem Wege nicht an ihrer Gestalt, sondern nur an ihrer Bewegung. Ob also die kleineren Larven der Wasserläufer eine Schutzstellung annehmen, oder nicht, wäre demnach für ihre Unauffälligkeit solchen Feinden gegenüber völlig belanglos. Ganz allgemein wird sich also der Nutzen einer hoch entwickelten Katalepsie bei größeren Tieren mehr bemerkbar machen als bei kleineren. Und da mit wachsender Größe die Tiere ja an und für sich auch auffälliger werden, wird dann auch die *Selektion eine gründlichere*. Dieser Umstand kann sicher auch zur Erklärung der geringeren Ausprägung der Katalepsie bei den Larven herangezogen werden.

Eine solche Erklärung ist der unter Berücksichtigung des biogenetischen Grundgesetzes noch insofern vorzuziehen, als sie gleichzeitig auch die *Verschiedenartigkeit in der Neigung zur Katalepsie bei den einzelnen Gerrisarten* umfaßt. Wir sahen, daß nicht nur mit dem Alter, sondern ganz allgemein mit der Größe die Fähigkeit zur Katalepsie wächst. *Limnoporus*, die größte der untersuchten Wasserläuferarten, zeigt auch die Erscheinung der Katalepsie in der am meisten ausgeprägten Weise. Man kann sich also denken, daß auch bei dieser Art eine Selektion am gründlichsten durchgeführt wurde. Auch die Tatsache, daß die Katalepsie der Stabheuschrecken viel besser ausgebildet ist als die der Wasserläufer, ordnet sich einer solchen Auffassung gut ein. Übertreffen doch die Stabheuschrecken an Körpergröße die Wasserläufer um ein Vielfaches. Dagegen erreicht der Grad der Katalepsie eines *Limnoporus* den der ihm gleich großen ersten Larvenstadien von *Dixippus* in vielen Punkten. Doch könnte bei einer Betrachtung der Verschiedenheit im Grade der Katalepsieausprägung zwischen *Gerris* und *Dixippus* außer an eine verschieden starke Wirkung der Selektion auch an eine *verschieden lange Selektionsdauer* gedacht werden.

Drittens läßt sich die Tatsache, daß bei den Larven von *Gerris* im Gegensatz zu denen von *Dixippus* die Schutzstellung fehlt, obwohl diese Larven schon eine recht gut ausgebildete Katalepsie zeigen, noch von einem weiteren Gesichtspunkt aus auf ihren ursächlichen Zusammenhang hin betrachten. Wir sahen soeben, daß die Schutzstellung nur bei

stabförmigen Tieren auftritt, *doch den Gerrislarven fehlt ja diese Stabform*. Bis auf den Kopf ist ja eine Wasserläuferlarve der Imago recht un-
ähnlich, der Thorax erscheint kürzer und breiter als beim erwachsenen
Tier, auch ist das Abdomen fast völlig unentwickelt (Abb. 42). Das Tier
hat also eher eine rundliche Körperform. Für diese Larvenform ist also ein
Nutzen der Schutzstellung nicht gegeben, welcher die Herausbildung einer
solchen Stellung mit Hilfe der Selektion begünstigt hätte. Es erscheint
uns also durchaus erklärlich, wenn diese erst bei der Imago auftritt.

Zusammenfassend läßt sich für die Herausbildung der hier behandelten Katalepsie folgende, wenn auch nicht in allen Punkten gesicherte,
aber nach den Ergebnissen dieser Arbeit recht wahr-
scheinliche Erklärung geben:
Die Voraussetzung für die
Herausbildung der Katalepsie
bei Stabheuschrecken und
Wasserläufern liegt ebenso
wie die für die Herausbildung
der Stabform in einer von
den gemeinsamen Ahnen
übernommenen Fähigkeit der
Orthopteren und Hemipteren,
in einer dazu günstigen Richtung zu mutieren. Die Katalepsie mit ihren Begleit-
erscheinungen scheint nicht
auf direktem Wege, sondern
durch eine Verbindung von
Teilerscheinungen („partiellen Katalepsieerscheinun-
gen") sich entwickelt zu

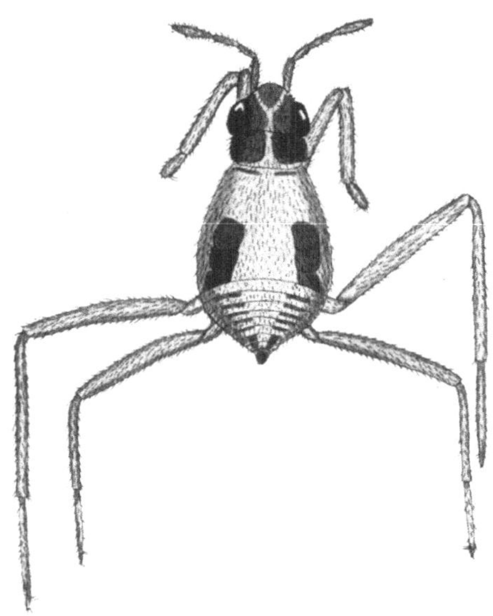

Abb. 42. Zweites Larvenstadium von *Limnotrechus
lacustris* in 15-facher (linear) Vergrößerung.

haben, worauf besonders die Beobachtungen an *Phyllium* hinweisen.
Für diese nachträgliche Verbindung einzelner physiologischer Erscheinungen, die auf Grund gleicher Fähigkeit zum Mutieren in einer bestimmten Richtung bei Orthopteren und Hemipteren entstanden, und
für ihre gleichzeitige Verbindung mit der Stabform ist die Mitwirkung
einer bei den beiden hier behandelten Insektengruppen in gleicher Richtung arbeitenden Selektion anzunehmen. Erst die so entstandene Verbindung der spezifischen Katalepsie mit der Stafbform schafft den hohen
mimetischen Wert dieser beiden Erscheinungen.

Für eine Deutung der biologischen Beziehungen zwischen *Katalepsie
und Winterschlaf* fehlt es an genügend sicheren Grundlagen. Sicherge-
stellt ist nur, daß sowohl *Gerris* wie *Dixippus* aus einem Zustand, der ein-

wandfrei kataleptisch ist, in die Kältestarre übergehen können, ohne die Akinese irgendwie zu unterbrechen. Eine genaue Grenze, an welcher der eine Zustand in den anderen übergeht, läßt sich dabei nicht angeben. Im übrigen lassen sich nur mehr oder weniger gut begründete Vermutungen aussprechen.

Der Unterschied zwischen Kältestarre und Katalepsie ist an und für sich ein prinzipieller. Während es sich bei der Katalepsie um einen besonderen Zustand bestimmter Teile des Zentralnervensystems handelt, der leicht aufgehoben werden kann, liegt bei der Kältestarre ein Zustand der Muskulatur vor, der nur allmählich durch Heraufsetzung der Temperatur rückgängig gemacht werden kann.

Trotzdem können beide dieselbe ökologische Bedeutung haben. Für die Kältestarre gilt ganz allgemein, daß sie den Stoffwechsel des Tieres stark herabsetzt. Ebenso ist dies für die Katalepsie der Stabheuschrecken von v. BUDDEN-BROCK nachgewiesen. Wahrscheinlich tritt eine solche Stoffwechselherabsetzung auch während der Katalepsie der Wasserläufer ein, wenn es auch, wie gesagt, nicht möglich war, dies in exakter Weise experimentell zu beweisen.

Es würden dann Katalepsie wie Kältestarre für den Winterschlaf dieselbe Bedeutung haben, nur daß der Wirkungsbereich der Katalepsie bei nur etwas herabgesetzter, der der Kältestarre bei stark herabgesetzter Temperatur liegt. Da nun die Temperatur während des Winters bald in den Bereich der Kältestarre, bald in den der Katalepsie fallen wird, so wird durch diese Kombination einmal erreicht, daß die Tiere nicht bei etwas wärmerem Wetter beweglich werden, ferner auch, daß der Stoffwechsel immer gleichmäßig herabgesetzt ist. Übersteigt die Temperatur die obere Grenze des Bereichs der dauernden Katalepsie, so geht das Tier zur normalen Lebensweise, ja sogar, wie wir gesehen haben, während des Winters zur Fortpflanzung über.

Vielleicht gibt uns das Verhalten von *Gerris* während der Überwinterungsperiode für den Winterschlaf der Insekten eine ganz allgemeine Frage auf. Ist es nämlich nicht denkbar, daß auch bei Formen, die sonst keine spontane Hypnose zeigen, eine solche unter dem Einfluß niedriger Temperatur doch auftritt, ohne daß wir sie deutlich gegen die Kältestarre abgrenzen können? Es wäre in diesem Falle eine Erklärung für das Sistieren der Bewegung schon vor Eintritt der Kältestarre und auch für das Ruhigbleiben der Insekten bei wärmerem Winterwetter gefunden. Doch um sich hier ein annähernd klares Bild zu verschaffen, wären eigens darauf gerichtete Untersuchungen notwendig.

Nach HEYMONS und v. LENGERKEN kann auch *Silpha obscura* unmittelbar aus dem „Winterschlaf" in die Thanatose übergehen, doch läßt sich dieser Befund nicht ohne weitere Untersuchungen mit meinen Ergebnissen vergleichen, da der rein ökologische Ausdruck „Winterschlaf" nichts über den physiologischen Zustand der Tiere aussagt, etwa ob es sich um Kältestarre handelt, oder um einen bestimmten hypnotischen Zustand (lediglich ein Ruhezustand kann dieser Winterschlaf nicht sein, da ein Teil der Versuchstiere auf Ergreifen mit der Pinzette und andere mechanische Reize hin nicht zur Bewegung überging). Bei der relativ hohen Temperatur von $+20^{0}$ ist das letztere anzunehmen.

Ob die Katalepsie ihren Vorgängen im Zentralnervensystem nach während der Kältestarre weiterbesteht und nur durch diese überdeckt ist oder nicht, ist schwer zu entscheiden. Es sei hier nur darauf hingewiesen, daß beide Möglichkeiten denkbar sind.

Vergleichen wir nun das Ergebnis dieser Arbeit mit der in der Einleitung gestellten Frage. Es zeigt sich, daß wir noch nicht entscheiden können, ob die Phasmiden schon die Fähigkeit zur Katalepsie besaßen, bevor sie noch vom Leben auf der Wasserfläche zum Leben auf Pflanzen übergingen; wir können keine Vermutung darüber äußern, ob die Chresmodiden überhaupt die Fähigkeit zur Katalepsie hatten.

Vielmehr ist unsere Betrachtungsweise in eine neue Bahn gelenkt worden dadurch, daß bei den Untersuchungen eine bisher wenig bekannte Tatsache hervortrat, nämlich die, daß wir in den Wasserläufern Tiere vor uns haben, deren Lebensraum keineswegs allein die Wasseroberfläche ist, sondern die in ausgedehntem Maße ein Leben zwischen Pflanzen führen und die Wasseroberfläche nur zeitweise zum Nahrungserwerb aufsuchen. Das Wasserleben der Wasserläufer und der Chresmodiden stellt also offenbar eine Konvergenzerscheinung dar, wie andererseits auch die Katalepsie der Wasserläufer und der Phasmiden eine solche darstellt. Eine ursächliche Beziehung zwischen diesen beiden Erscheinungen innerhalb der beiden systematischen Gruppen konnten wir nicht aufdecken. Vielmehr verlangt die Tatsache, daß bei den Wasserläufern Katalepsie auf der Wasserfläche nicht vorkommt, eine Deutung im entgegengesetzten Sinne.

Ebenso wie die ganze Gruppe der Wasserläufer nur einen kleinen Seitenzweig der Gymnoceraten, der *Landwanzen* darstellt, so mögen auch die Chresmodiden zu ihrer Zeit eine von den übrigen vielleicht schon damals lebenden Phasmiden abweichende Gruppe dargestellt haben, während die meisten Vertreter dieser Ordunung auch damals *Landtiere* waren, deren Reste uns ja allgemein viel seltener erhalten werden als die von wasserlebenden Tieren. Ja vielleicht waren auch die Chresmodiden so wie unsere Wasserläufer wesentlich Landtiere.

Die Katalepsie und ihr verwandte Erscheinungen sind in ihren mannigfaltigen Formen denselben Gesetzen der Bildung und Umbildung unterworfen, wie jede andere morphologische und physiologische Erscheinung. Von der weiteren Untersuchung aber solcher spezialisierter Anpassungen von teils morphologischem, teils physiologischem Charakter ist jedenfalls eine Förderung auch der allgemeinen deszendenztheoretischen Fragen zu erhoffen.

5. Zusammenfassung.
a) Tatsachen.
1. *Stabheuschrecken.*

Die *Katalepsie* der Stabheuschrecken, die durch Bewegungslosigkeit, Analgesie, herabgesetzte Reflexerregbarkeit, etwas heraufgesetzten Muskeltonus und Flexibilitas cerea, zuweilen auch durch eine besondere

Schutzstellung charakterisiert wird, ist von einer ganzen Reihe von Faktoren abhängig: *Helligkeit* löst die Katalepsie aus, bei *Dunkelheit* wird sie durch den Hunger und von den Futterpflanzen ausgehende Reize aufgehoben. Doch kommt Katalepsie auch bei völliger Dunkelheit vor.

Bei *dauernder Verdunkelung* wird der vorher durch den Lichtwechsel bedingte Tagesrhythmus zwischen kataleptischem und nicht kataleptischem Zustand noch einige Zeit beibehalten, klingt aber nach wenigen Tagen ab. Auch ein künstlich den Tieren durch Beleuchtung während der Nacht und Verdunkelung am Tage eingeprägter Rhythmus wird ebenso einige Tage bei völliger Dunkelheit beibehalten.

Mechanische Reize werden nach dem jeweiligen physiologischen Zustand des Tieres verschieden beantwortet. Einige Reflexe treten auch bei sonst völliger Katalepsie auf.

Äthernarkose hebt die Katalepsie auf. Durch Reizung mit schwachem *Induktionsstrom* wird bei den Stabheuschrecken, wie bei Insekten überhaupt, eine Lähmung hervorgerufen, die aber der Katalepsie nicht identisch ist.

Heraufsetzung der Wärme bis auf etwa 30—40⁰ hat Aufhebung der Katalepsie zur Folge. *Erniedrigung der Temperatur* auf 3⁰ verlängert die Katalepsie beträchtlich, diese kann direkt in die Kältestarre übergehen. Durch Verbindung der Katalepsie mit der Kältestarre vermag das Tier unter experimentellen Bedingungen eine Art von Winterschlaf zu halten.

Es zeigt sich eine deutliche Zunahme der Neigung zur Katalepsie vom 1. Larvenstadium bis zum Imaginalstadium, also mit dem *Alter* des Tieres.

Das *Zentrum der Katalepsie* liegt im Protocerebrum, aller Wahrscheinlichkeit nach im Zentralkörper.

Die Katalepsie kann in verschiedenen *Graden* auftreten. Der jeweilige Grad hängt von dem Zusammenarbeiten der auf das Tier einwirkenden Faktoren ab.

Ökologisch stellt die Katalepsie im Verein mit der Form und Farbe der Tiere eine *Schutzanpassung an das Leben zwischen Pflanzen* dar.

Bei *Diapheromera* fehlt die Abhängigkeit der Katalepsie von den Lichtverhältnissen. Bei *Phyllium* ist die Katalepsie nur schwach ausgeprägt, die einzelnen Symptome der Katalepsie treten hier oft getrennt voneinander auf („partielle Katalepsie").

2. *Wasserläufer.*

Der Lebensraum der Wasserläufer ist nicht auf die Wasseroberfläche beschränkt, vielmehr halten sich diese den größten Teil des Tages zwischen den Pflanzen des Ufers auf und begeben sich nur zeitweise zum Nahrungserwerb aufs Wasser. Bei großer Sonnenhitze, bei starkem

Wind und Regen verlassen die Wasserläufer die Wasseroberfläche gänzlich.

Die Wasserläufer zeigen ebenfalls die Fähigkeit zu einer spezialisierten *Katalepsie*. Diese tritt spontan ein, kann aber auch experimentell durch Festhalten des Tieres am Femur eines Beines oder durch Klopfen auf den Thorax ausgelöst werden. Auch hier kommt eine *Schutzstellung* vor, die der der Stabheuschrecken gleicht. Auch bei Wasserläufern kann die Katalepsie in verschiedenen *Graden* auftreten.

Das *Licht* hat auf die Katalepsie der Wasserläufer keinen Einfluß. Auch ist bei gleichbleibenden Außenbedingungen das Auftreten der Katalepsie keinem bestimmten Rhythmus unterworfen.

Es zeigt sich, daß die Dauer künstlich hervorgerufener kataleptischer Akinesen mit der *Größe* der Tiere zunimmt, daß also die größeren Wasserläufer eine viel stärkere Neigung zur Katalepsie zeigen als die kleineren.

Auch während der Larvenentwicklung nimmt die Neigung zur Katalepsie zu. Die Larven zeigen noch keine Schutzstellung.

Heraufsetzung der Temperatur auf 25—30⁰ C hebt die Katalepsie auf. *Tiefe Temperatur* ruft verstärkte Neigung zur spontanen Katalepsie hervor. Auch hier geht die Katalepsie direkt in die Kältestarre über. Der *Winterschlaf* ist je nach der Temperatur zeitweise ein kataleptischer Zustand, zeitweise ein Zustand der Kältestarre.

Das *Hauptzentrum* der Katalepsie liegt im Oberschlundganglion, doch wirken bei deren Zustandekommen vielleicht auch die unter dem Ösophagus gelegenen Teile des Zentralnervensystems mit.

Die biologische Bedeutung der Katalepsie liegt auch hier in einer *Anpassung an das Leben auf Pflanzen*.

Auch bei *Velia*, *Microvelia*, *Hydrometra* und *Ranatra* kommt Katalepsie vor.

b) Schlüsse.

Die weitgehende Ähnlichkeit des kataleptischen Verhaltens der Stabheuschrecken und Wasserläufer deutet auf eine *Herausbildung* der Erscheinung *unter gleichen Bedingungen* hin. Das Leben auf der Wasseroberfläche bei Wasserläufern und den Chresmodiden, den ältesten uns bekannten Phasmiden, kann mit der Katalepsie in keiner Beziehung stehen, vielmehr ist deren Herausbildung im Zusammenhang mit dem Leben auf Pflanzen wahrscheinlich.

Die Herausbildung einer spezifischen Schutzstellung steht im Zusammenhang mit der Stabform. Sie ist geeignet, die täuschende Ähnlichkeit eines stabförmigen Tieres mit Pflanzenteilen wesentlich zu erhöhen, d. h. deren mimetische Wirkung heraufzusetzen. Sie tritt hier nur bei stabförmigen Arten auf, und auch bei diesen erst, sobald in ihrer ontogenetischen Entwicklung die Stabform deutlich zutage tritt, fehlt also den nicht stabförmigen Gerrislarven, während die Jugendstadien von *Dixippus* sie schon deutlich zeigen. Für kleine Insekten ist wahrscheinlich sowohl die Stabform wie die Schutzstellung unwesentlich, da sie keine Feinde haben, für die das Formsehen beim Beutefang eine Rolle spielt und die durch eine Stabform getäuscht werden könnten.

6. Literaturverzeichnis.

1. *Katalepsie und verwandte Erscheinungen.*

Audova, A.: Thanatose des großen Roßkäfers *Geotrupes stercorarius*. Z. Morph. u. Ökol. Tiere **13** (1928). — **Bleich, O.**: Thanatose und Hypnose bei Coleopteren. Ebenda **10** (1928). — **Grimpe, G.**: Beiträge zur Biologie von *Phyllium*. Zool. Jb., Abt. System. **44**. Jena 1921. — **Hase, A.**: Beobachtungen an venezuelanischen Triatoma-Arten, sowie zur allgemeinen Kenntnis der Familie der *Triatomidae* (Hemipt.-Heteropt.) Z. Parasitenkunde. **4** (1932). — Über Starrezustände bei blutsaugenden Wanzen. Die Naturwissenschaften **20** (1932). **Heymons, R.** u. **v. Lengerken, H.**: Studien über die Lebenserscheinungen der *Silphini*. Z. Morph. u. Ökol. Tiere **6** (1926). — **Hoffmann, R. W.**: Untersuchungen über experimentelle Hypnose bei Insekten und ihre Beziehungen zum Berührungsreiz. Nachr. Ges. Wiss. Göttingen, Math.-physik. Kl. **1921**. — Die experimentelle Hypnose bei *Limnotrechus lacustris*. Ebenda **1921**. — Die reflektorischen Immobilisationszustände im Tierreich. Handb. d. norm. u. path. Physiol. **17**. Korrel. III 1926. — **Holmes, S. J.**: Death-feigning in *Ranatra*. J. comp. Neur. **16** (1906). — **Mangold, E.**: Methodik der Untersuchungen über tierische Hypnose. Abderhaldens Handbuch der biologischen Arbeitsmethoden. — Hypnose und Katalepsie bei Tieren im Vergleich zur menschlichen Hypnose. Jena 1914. — Die tierische Hypnose. Erg. Physiol. **18** (1920). — **Meißner, O.**: Biologische Beobachtungen an der indischen Stabheuschrecke. Z. Insektenbiol. **5** (1909). — **Plate, L.**: Übersicht über biologische Studien auf Ceylon. Jena. Z. Naturwiss. **54** (1917). — **Rabaud, E.**: L'immobilisationreflexe et l'activité normale des Arthropodes. Bull. biol. France et Belg. **53** (1919). — **Reisinger, L.**: Katalepsie der indischen Stabheuschrecke. Biol. Zbl. **48** (1928). — **Schleip, W.**: Über den Einfluß des Lichtes auf die Färbung von *Dixippus*. Zool. Anz. **53** (1921). — Der Farbwechsel von *Dixippus morosus*. Zool. Jb., Abt. Physiol. **30** (1911). — **Schmidt, P.**: Katalepsie bei Phasmiden. Biol. Zbl. **33** (1913). — **Stockard, Ch. R.**: Habits, reaction and mating instincts of the walking stick, *Aplopus Meyeri*. Carnegie Inst. Washington **1908**. (Papers from the Tortugas Laboratory.) — **Szymansky, I. S.**: Die sogenannte tierische Hypnose bei einer Insektenart. Pflügers Arch. **166** (1917). — **Weyrauch, W.**: Die Hypnose bei *Forficula auricularia*. Z. Morph. u. Ökol. Tiere **1929**.

2. *Biologie der Phasmiden und der Wasserläufer.*

Atzler, M.: Untersuchungen über den morphologischen und physiologischen Farbwechsel von *Dixippus morosus*. Z. vergl. Physiol. **13** (1931). — **Bollweg, W.**: Beitrag zur Faunistik und Ökologie der in der Umgebung von Bonn lebenden aquatilen Rhynchoten. Verh. naturhist. Ver. preuß. Rheinl. u. Westf. **71**. Bonn 1915. — **Brunner v. Wattenwyl, K.** u. **Redtenbacher, J.**: Die Insektenfamilie der Phasmiden. Leipzig 1908. — **v. Buddenbrock, W.**: Die Atmung von *Dixippus morosus*. Z. allg. Physiol. **20** (1923). — Der Rhythmus der Schreitbewegungen der Stabheuschrecke *Dixippus morosus*. Biol. Zbl. **41** (1921). — **Essenberg, C.**: The habits of the water-strider *Gerris remigis*. J. Anim. Behavior, Boston **5** (1915). —

Grimpe siehe unter 1. — **Heymons, R.**: Über bläschenförmige Organe bei Gespenstheuschrecken. Sitzgsber. preuß. Akad. Wiss., Physik.-math. Kl. Berlin 1899. — **Hoffman, W. E.**: The life histories of three species of Gerrids. Ann. of Entomol. Soc. Amer. **17** (1924). — The biology of a common Chinese waterstrider. Lingnaan Agricult. Rev. Canton **3** (1925). — **Jordan, K. H. C.**: Zur Biologie des Wasserläufers *Limnotrechus odontogaster*. Z. Insektenbiol. **24**. Berlin 1929. — Zur Kenntnis des Eies und der Larven von *Microvelia Schneideri*. Ebenda **27** (1932). — Die aquatilen Rhynchoten der Oberlausitz. Isis Budissina **11**. Bautzen 1928. — Zur Biologie der aquatilen Rhynchoten. Ebenda **11** (1928). — Zur Biologie von *Mesovelia furcata*. Ebenda **12** (1931). — Über die Entwicklung und die Lebensweise von *Hydrometra stagnorum* und *H. gracilenta*. Ebenda **12** (1931). — **Kheil, N.**: Biologisches über *Bacillus Rossii*. Entomol. Z. **1900**. — **Kuhlgatz**: Übersicht über die deutschen Gattungen der Gerrididae. Brauer, Die Süßwasserfauna Deutschlands, H. 7. Jena 1909. — **Lundblad, O.**: Zur Kenntnis der jungen Larven einiger in Wasser lebender Rhynchoten. Entomol. Tidskr. Stockholm 1921. — **Meißner** siehe unter 1. — **Oyen, L.**: Der chordotonale Sinnesapparat von *Bacillus Rossii*. Diss. Leipzig 1901. — **Plate** siehe unter 1. — **Riley, C. F. C.**: Responses of the large Waterstrider *Gerris remigis* SAY. to contact and light. Ann. Entomol. Soc. Amer. **14** (1921). — Migratory responses of waterstriders during severe Droughts. Bull. Brooklyn Entomol. Soc. **15** (1920). — **Schleip** siehe unter 1. — **Sinety, R. de**: Recherches sur la biologie et l'anatomie des Phasmes. Cellule **19** (1901). — **Stockard** siehe unter 1. — **Titschack, E.**: Untersuchungen über das Wachstum, den Nahrungsverbrauch und die Eierzeugung von *Dixippus*. Z. wiss. Zool. Leipzig 1924. — **Weber, H.**: Biologie der Hemipteren. 1930. — Hemiptera. I. In: Paul Schulze, Biologie der Tiere Deutschlands. 1929.

3. *Allgemeines.*

Bölsche, W.: Stammbaum der Insekten. Stuttgart 1916. — **Brandt, E.**: Vergleichend anatomische Untersuchungen über das Nervensystem der Hemipteren. Horae Societatis Entomologicae Rossicae **14** (1878). — **Brun, E.**: Zur vergleichenden Anatomie des Insektengehirns. Verh. d. 3. internat. Entomol.-Kongreß 1915. — **v. Buddenbrock, W.**: Grundriß der vergleichenden Physiologie. Berlin 1924. — **Cockerell, T. D. A.**: Fossil Insekts in the British Museum. Ann. Nat. Hist. Lond. **20** (1927). — **Handlirsch, A.**: Die fossilen Insekten und die Phylogenese der rezenten Formen. Leipzig 1908. — **Hanström, B.**: Vergleichende Anatomie des Nervensystems der wirbellosen Tiere. Berlin 1928. — **Hempelmann, F.**: Tierpsychologie. Leipzig 1926. — **Just, G.**: Begriff und Bedeutung des Zufalls im organischen Geschehen. Berlin 1925. — **Kühn, A.**: Über den Farbensinn der Biene. Z. vergl. Physiol. **5** (1927). — **Kühnle**: Vergleichende Untersuchungen über das Gehirn, die Kopfnerven und die Kopfdrüsen des gemeinen Ohrwurms. Jena. Z. Naturwiss. **50** (1913). — **Thesing, E.**: Biologische Streifzüge. Eßlingen und München 1910. — **Ziegler**: Die Gehirne der Insekten. Naturwiss. Wschr. **1912**.